国网湖北电力
电网建设管理典型经验
——踔厉奋发“六精四化”新征程

李靖　刘蕾　陈然　周蠡　蔡杰　著

华中科技大学出版社
中国·武汉

图书在版编目(CIP)数据

国网湖北电力电网建设管理典型经验：踔厉奋发“六精四化”新征程 / 李靖等著．武汉：华中科技大学出版社，2024. 6. -- ISBN 978-7-5772-1025-4

Ⅰ．TM727

中国国家版本馆 CIP 数据核字第 2024UW8167 号

国网湖北电力电网建设管理典型经验
——踔厉奋发“六精四化”新征程

Guowang Hubei Dianli Dianwang Jianshe Guanli Dianxing Jingyan
——Chuoli Fenfa Liujing Sihua Xinzhengcheng

李　靖　刘　蕾　陈　然　周　鑫　蔡　杰　著

策划编辑：张　毅
责任编辑：张　毅
封面设计：廖亚萍
责任监印：朱　玢
出版发行：华中科技大学出版社（中国·武汉）　电话：(027)81321913
武汉市东湖新技术开发区华工科技园　邮编：430223
录　　排：华中科技大学惠友文印中心
印　　刷：武汉科源印刷设计有限公司
开　　本：710mm×1000mm　1/16
印　　张：11.25
字　　数：160 千字
版　　次：2024 年 6 月第 1 版第 1 次印刷
定　　价：89.00 元

编 委 会

内容简介

本书详细介绍了国网湖北省电力有限公司在电网基建管理方面的典型经验，特别是在推进“六精四化”三年行动中所取得的成果。本书内容丰富，涵盖了从电网基建的环境分析到具体的管理提升途径，以及如何通过创新管理和技术手段来优化电网建设和提升管理效率。通过阅读本书，读者可以深入了解国网湖北省电力有限公司如何在新时代背景下，通过实施“六精四化”三年行动，推动电网建设和管理向更高水平发展。

前言

随着中国经济进入一个与过去30多年高速增长期不同的新常态阶段，我国知识创新、科技创新、产业创新不断加深。经济发展的主要动力正在逐步转向产业转型升级、生产率提高和开拓创新等方面。

党的二十大报告提出，“立足我国能源资源禀赋，坚持先立后破，有计划分步骤实施碳达峰行动”“深入推进能源革命”“加快规划建设新型能源体系”，为今后一个时期能源革命和转型指明了方向。习近平总书记更强调，“要完善扩大投资机制，拓展有效投资空间，适度超前部署新型基础设施建设”。为了积极贯彻国家高质量发展理念，积极应对“双碳”战略目标，以及数智时代对新型电力系统建设带来的挑战和机遇，国网湖北省电力有限公司在输变电工程建设中紧紧围绕国家电网有限公司提出的“六精四化”行动计划，构建了以“六精”为主要内涵的专业管理体系，推进以“四化”为基本特征的高质量工程建设管理。

围绕国家电网有限公司基建工作要求和国网湖北省电力有限公司决策部署，国网湖北省电力有限公司基建战线在统筹、融合、抓实上下功夫，瞄准关键提升指标，加大技术突破与机制创新力度，协同融合管理、技术、队伍等各要素，在“量、质、效”上实现新突破，深化落实发展建设物资工作等会议精神要求，以电网高质量发展为主题，在专业管理上实施“六精”管理，在工程建设上实施“四化”建设，推动基建管理能力水平和工程建设能力水平双提升，为全面推进“一体四翼”高质量发展贡献专业力量。

在“十四五”基建工作总体思路中，精益管理是高质量建设的重要抓手，要保持工作核心竞争力，必须结合基建工作和工程建设基本情况，全面把控管理要素、逻辑关系、管控要点，适应新发展形势，贯彻新发展要求，落实新发展理念，采用科学方法论，推动管理水平提升和技术进步，实现“双一流”（建一流电网、创一流管理）。

本书以电网基建队伍管理为主要内容，分析目前国网湖北省电力有限公司基建四支队伍的发展情况，提出提升举措，并围绕国家电网有限公司基建“六精四化”行动计划，充分展现国网湖北省电力有限公司“六精”管理和“四化”建设成功案例。

本书的出版，得到了国网湖北省电力有限公司的大力支持，在此表示诚挚的谢意。限于作者的能力和水平，书中可能还存在缺点和错误，恳请读者批评指正。

作 者

2024 年 2 月

目录

第一章

绪论

2003—2021 年，为适应湖北省经济社会发展要求以及湖北电网发展需要，国网湖北省电力有限公司（以下简称“湖北公司”）电网建设进入高速发展时期。

湖北公司基建系统以各时期电网发展规划为指引，围绕湖北电网发展所制定的目标，持续构建规范、完善的基建安全、质量、计划、技术、造价、信息化管理体系，并通过大量工程建设实践，打造了一支涵盖设计、施工、监理等各个环节，素质过硬、敢打硬仗的建设施工队伍，助力湖北公司圆满完成各时期电网建设任务。

19 年间，湖北公司 35 千伏及以上输电线路累计投产 32192 千米，35 千伏及以上变电容量增加 20595 万千伏安，湖北电网输电线路规模扩大近 2 倍，变电容量增加 5 倍，使得湖北电网与跨区电网的联络极大提升，形成水火互济、多能互补、跨区域电力供需平衡的格局。湖北公司工程建设优质率稳步提升，江夏、随州、仙桃、柏泉、卧龙 500 千伏变电站等示范工程在专业领域达到全国先进水平，多项工程获得电力行业、国家电网有限公司（以下简称“国网公司”）优质工程奖，为湖北电网高质量发展打下坚实基础。

2022 年，围绕国网公司基建工作要求和湖北公司决策部署，湖北公司扎实开展基建“六精四化”三年行动，全面开启“六精四化”新征程，实现湖北公司基建工作“华中区域领先、国网第一方阵”目标。在专业管理上实施“六精”管理——精益求精抓安全、精雕细刻提质量、精准管控保进度、精耕细作抓技术、精打细算控造价、精心培育强队伍，建立健全“架构更加科学合理、运转更加有序高效、管控更加科学有力”的专业管理体系，推动湖北公司基建管理能力水平再上新台阶。在工程建设上实施“四化”建设——以标准化为基础、绿色化为方向、机械化为方式、智能化为内涵，推进“价值追求更高、方式手段更新、质量效率更优”的高质量建设，推动湖北公司工程建设能力水平再上新台阶。

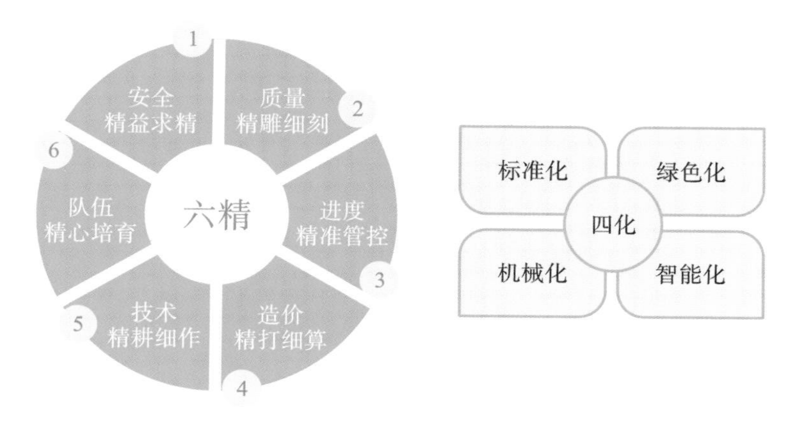

图 1-1　“六精”和“四化”的内容

1. 结合实际，全面把控

湖北公司结合基建工作和工程建设基本情况，全面把控管理要素、逻辑关系、管控要点，适应新发展形势，贯彻新发展要求，落实新发展理念，采用科学方法论，推动管理水平提升和技术进步，实现“双一流”（建一流电网、创一流管理）。

2. 提前谋划，稳步推进

湖北公司提前谋划基建管理、工程建设能力的提升方向和目标，强化实施过程指导，有序推进重点任务，形成一套华中区域领先、可在国网系统推广的管理经验，打造一批具有湖北特色、专业领先的标杆工地和标杆工程。相关成果在湖北公司内部全面推广实施，争取纳入国网公司典型经验。

3. 强基固本，创新提升

湖北公司总结提炼管理经验和技术手段，推进“六精”内涵及管控机制的创新研究和落地工作，开展工程建设“四化”关键技术攻关，改进管理方式方法，优化提升建设方式，打造湖北基建特色品牌，实现专业管理水平和整体建设能力“双提升”。

第二章

湖北近20年输变电工程建设管理历程

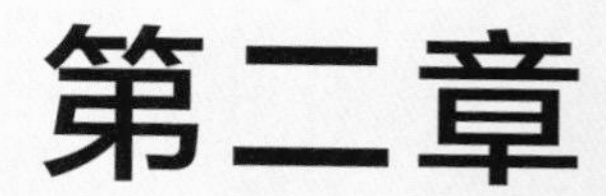

第一节 总体情况

2003—2005 年，受“厂网分开”之前电力生产和输送管理传统体制的影响，湖北公司输变电工程建设管理工作仍由所属建设施工单位自行开展，尚未形成统一归口管理的模式。2006 年，为适应电网发展需要，提高工程建设管理水平，湖北公司组建基建部，设工程管理处、技术经济处、安全质量处、综合处，地市、县公司也相应设立对口管理部门，公司基建系统从此形成省、地、县三级电网工程建设管理体系，同时，在各层级建设施工单位的支持下，共同推进电网建设项目的完成。

2006—2021 年，湖北公司高度重视基建安全、质量、计划、技术、造价、信息化管理，在强制执行国家电力工程建设法律法规的基础上，根据湖北电网建设实际，建章立制，严格检查、考核，工程建设管控水平逐步提高。在工程建设中，配送制、标准化、组装法以及大量新技术、新工艺、新装备的推广应用，为提高公司工程建设优质率、优化造价、控制工期立下汗马功劳。

第二节 工程建设安全管理

2003 年，电力体制“厂网分开”改革落地，湖北公司工程建设安全管理的重心由电网、电厂建设并举，转移到电网建设上来。湖北公司工程建设单位坚持工程招投标制，建立安全设计理念，开展施工方案编制、土建施工安全性评价等工作，定期开展以防高处坠落为主题的安全大检查，推进标准化工地和文明工地建设，建立安全监督档案，开展工程安全评估工作。公司运用安全系统工程的理念和方法，实施全员、全过程、全方位建设过程的安全管理和监督，杜绝电网建设过程的人身伤亡事故。

2004 年，按照《国家电网公司电力建设工程重大安全生产事故预防与应急处理暂行规定》，湖北公司成立工程建设安全生产事故应急处理领导小组，负责全省电力建设工程项目的安全生产事故应急处理。

2005年，湖北公司完善《安全生产工作奖惩规定》，加大责任追究力度。公司开展“反事故斗争”，制定落实“反事故斗争”25项重点措施实施细则，颁布18项电网重大反事故措施实施计划表。

2006年，湖北公司组建基建部，组织开展“电力建设安全管理”课题研究，涉及电力建设安全管理体制、方法和要求诸多方面，编写《电力建设安全工作指导意见》（以下简称《指导意见》）及《电力建设施工安全规范》（以下简称《安全规范》），逐步建立电力建设安全工作长效机制。《指导意见》及《安全规范》明确了电力建设管理和参建各方的安全职责，要求进一步加强安全保证体系和监督体系建设，促进各方安全管理协调能力的提升，督促责任主体加大安全投入力度，规范安全奖惩考核机制，全面提高安全生产人员的积极性和安全防护能力。自《指导意见》及《安全规范》实施以来，公司建设安全生产形势保持稳定。

2007—2008年，为贯彻落实国家电力监管委员会（以下简称“国家电监会”）《电力建设安全生产监督管理办法》（以下简称《监督管理办法》），湖北公司印发通知，要求各电力企业严格按照国家有关法律、法规和《监督管理办法》的规定，健全电力建设安全生产制度，加强电力建设工程及施工现场管理，切实落实安全生产责任和安全生产措施，有效预防电力建设施工安全生产事故。湖北公司建设施工单位按照要求，履行电力建设安全生产监督管理职责，落实安全生产责任制，修订完善安全奖惩、履职评估、安全预警等制度，严肃事故处理和责任追究。公司加大反违章工作力度，督查各类作业现场5040次，纠正和处理违章642起。

2009年，湖北公司加强基建安全风险防范，推进施工安全各项工作，经受住第一项特高压电网工程投产送电以及迎峰度夏输变电工程攻坚等重大考验，基建安全形势继续保持平稳。

2010年，湖北公司积极应对洪涝灾害等不利因素对工程安全、进度的影响，开展“抓基础、控风险、防事故”基建安全主题活动，组织基建安全大检查，加强安全风险预控，有效防止境内外各类基建安全事故发生，基建安全管理实现“双零”目标。

2011 年，湖北公司首次提出基建“大安全”理念，将工程建设安全管理、质量管理、队伍管理、设计与技术管理、技术经济（以下简称“技经”）管理全部纳入“安全”范畴，突出基建工作中的全面、全员、全过程、全方位要求，涵盖与基建业务相关的各专业、各领域、各层级，加强部门之间横向协调配合、各层级之间竖向协作支持。落实《国家电网公司基建安全管理规定》要求，加强基建安全管理策划及落实，推进“三抓一巩固”（抓制度执行、抓措施落实、抓监护到位，巩固基建安全基础）。公司成立安全巡检组，对施工现场进行不间断安全巡查，优化基建安全管理制度，建立基建安全月度通报、季度点评机制，强调现场安全过程管控，实现分包商管理规范化和系统化运作，现场安全文明施工水平进步明显，做到“六个不发生”（①不发生生产（基建）和辅业、多种经营及承包、发包、分包工程人身伤亡事故；②不发生有人员责任的较大及以上电网事故；③不发生有人员责任的较大及以上设备事故；④不发生恶性误操作事故；⑤不发生有人员责任的较大及以上火灾事故；⑥不发生对公司造成较大影响的安全事件），基建安全形势持续稳定。

2012 年，湖北公司实行安全风险分级管理制度，建立五级以上风险清册，制定风险预控措施，编制全年挂牌督查计划，明确督查责任人和督查工作要求。2012 年至 2022 年底，连续十年未发生安全事故，累计 3653 天。程家山 220 千伏变电站工程获得华中区域安全管理流动红旗，安全管理工作成绩进入国网公司基建综合评比前 8 名。江夏 500 千伏变电站工程获得国网公司变电工程项目管理流动红旗，实现湖北公司 500 千伏变电工程项目管理流动红旗“零”的突破。

2013 年，湖北公司开展年度基建安全评价，对处于高峰期在建工程开展项目安全管理评价，评价内容包括：工程安全管理体系建立、风险管理、分包管理、安全文明施工标准化、隐患排查、安全通病治理等。加强重大风险和重要节点风险管控，组织分包安全管理和大型施工机具专项督查，开展节假日安全检查和信息报备工作，持续督办重大风险“挂牌督查”和安全管理评价工作。

2015年，湖北公司开展“基建安全质量”活动，组织基建各单位开展专题学习，在公司内网“电网建设”栏目设立活动专栏，各单位、各项目部通过专题网页、宣传漫画等形式营造浓厚学习氛围。在年度基建工作会上，开展新《中华人民共和国安全生产法》专题授课和考试活动。

2015年，湖北公司开展施工方案评审管理活动，印发《关于加强输变电工程施工方案评审管理工作的通知》，分级开展重大风险作业施工方案评审，重点对四级及以上风险作业、涉及输电线路临近作业、输电线路接入系统、变电站改（扩）建等危险性较大的施工方案开展专项评审，论证方案的安全性与可操作性，推动施工技术方案编制和管理水平整体提升。此项工作在国网公司月度基建安全质量分析点评会上，被总部基建部作为值得推广借鉴的经验进行专项点评。公司推广“配送制、标准化、组装法”现场施工标准化管理，提高现场安全文明施工标准化作业水平。公司整合已有的临建设施，从设计、制作、配送、运输等环节进行全过程系统策划和标准化管理，基本实现临建设施运输、储存、使用全过程规范统一。

2017年，湖北公司各级管理人员按照“60%时间深入现场”标准加强现场履责，汲取“5·7”“5·14”“10·28”等事故教训，在《国家电网公司输变电工程施工现场关键点作业安全管控措施》基础上，编制《国网湖北省电力公司安全责任量化考核实施细则》，组建安全责任量化考核督查组，启动安全责任量化考核督查工作。公司加强输变电工程“三跨”重大风险作业安全管控，建立在建工程“日报、周报、月报”常态机制，建立四级风险“月预判、周督导、日管控”机制。

2018年，湖北公司印发通知，要求加强输变电工程三级及以上施工风险管控，依托湖北鄂电建设监理有限责任公司（以下简称“鄂电监理公司”）

和武汉中超电网建设监理有限公司（以下简称“中超监理公司”）组建电网建设风险防控中心，实施施工风险精准管控；建立施工安全风险监督管控值班机制，开展风险管控到岗到位监督抽查和评价考核，实现公司对三级及以上施工安全风险精准管控，杜绝基建安全事故发生。

2019年，湖北公司印发《国网湖北省电力公司基建安全管理提升专项行动实施方案》，按照“综合治理、标本兼治”总体思路，以补短板、填空白、再提升为主要目标，实现作业计划准备、作业行为标准、安全技能提升、安全氛围浓厚的目标。同年，根据国网公司部署，湖北公司编制《国网湖北省电力公司输变电工程安全质量责任量化考核实施细则》，常态化开展“四不两直”（四不：不发通知、不打招呼、不听汇报、不用陪同接待。两直：直奔基层、直插现场），实施每季度安全责任量化考核督查，覆盖所有建设管理单位。

2020年，湖北公司大力推进机械化施工，全力压降高风险作业。公司组织机械化“设计＋施工”竞赛，以国网湖北送变电工程有限公司（以下简称“湖北送变电公司”）为重点，加快装备更新换代，从设计源头制定切实可行的机械化施工专项方案，做实单基策划，能改尽改；组建机械化施工专业班组，在武汉特高压交流配套500千伏线路等工程开展全机械化施工试点，整体机械化施工率达到80%。

至2021年，湖北公司基建安全“两个标准化”（作业层班组标准化、作业现场标准化）管理全面落地，现场安全管控建立起“三个一”（督导一项风险、检查一项作业、参加一次例会）履责规范，实现三级及以上风险作业履责全覆盖；有计划开展“查风险、治违章、抓落实”和“消除事故隐患，筑牢安全防线”安全主题活动，推动基建安全管理体系高效运转。公司持续加强风险作业计划和风险清单管控，常态化开展“现场＋远程”安全督查，深化“四不两直”监督检查；以“三算四验五禁止”（三算：①拉线必须经过计算校核，即拉线应根据受力情况进行计算，应严格履行编审批手续，计算书、布设方式及要求应在施工方案中予以明确；②地锚必须经过计算校核，即地锚计算应首先按照受力情况确定承载力，再根据地锚形式及土质并考虑必要安全系数后，计算出地锚的具体埋设要求，并严格履行编审批手续；③临近带电体作业安全距离必须经过计算校核，即临近带电体作业的安全距离，应根据带电体安全距离要求，对施工作业中有可能进入安全距离内的人员、机具、工具、构件等进行全面验算，留有必要裕度后计算确定。四验：①拉线投入使用前必须经过验收，即拉线投入使用前，应按照施工技术方案要求进行验收，施工作业中对拉线状态不间断进行监控；②地锚投入使用前必须通过验收，即地锚进入作业点前应按照要求进行验收，埋设完毕验收并挂牌，施工作业中不间断进行监控；③索道投入使用前必须通过验收，即索道应进行日常维护保养和定期检查，索道搭设完毕应进行验收并挂牌，施工作业中不间断进行监控；④组塔架线作业前，地脚螺栓必须通过验收，即地脚螺栓进场前应进行验收，组塔前转序验收时应检查螺杆、螺母、垫板标记匹配情况，杆塔塔脚板安装完成后和每次开展作业前检查安装及防卸情况并进行标记，架线前转序验收时应检查螺母、垫板与塔脚板是否靠紧。五禁：①在有限空间内作业，禁止不配备使用有害气体检测装置，主要对关键人员不到场监护、有限空间作业前作业人员不通风、不检测等作出禁止性规定；②组塔架线高空作业，禁止不配备使用攀登自锁器及速差自控器，主要对高空作业人员不正确配备使用攀登自锁器及速差自控器作出禁止性规定；③乘坐船舶或水上作业，禁止不配备使用救生装备，主要对水上作业和乘坐船舶前相关人员进行安全交底等作出禁止性规定；④紧断线平移导线挂线，禁止不交替平移子导线，主要对作业前不制定措施和核对杆塔受力情况、平移子导线不交替进行等作出禁止性规定；⑤组立超过 30 米的抱杆，禁止使用正装法，主要对抱杆长度超过 30 米以上，一次无法整体立起时采用正装方式对接组立悬浮抱杆作出禁止性规定）为抓手，落实安全强制措施。公司严格落实督查通报机制，印发《基建安全稽查通报》《基建安全督查典型违章影像专辑》，形成突出问题重点防治清单，以集中整治。

第三节　工程建设质量管理

2005年，按照国网公司统一部署，湖北公司召开现场标准化作业指导书宣贯会，要求各建设施工单位落实现场标准化作业指导书的要求，促进工程建设质量提升。现场标准化作业指导书主要针对现场作业过程中每一项具体的操作，按照电力安全生产有关法律法规、技术标准、规程规定的要求，对电力现场作业活动的全过程进行细化、量化、标准化，保证作业过程处于“可控、在控”状态，不出现偏差和错误，以获得最佳秩序与效果。它对每一项作业提出全过程控制的要求，对作业计划、准备、实施、总结等各个环节，明确具体操作的方法、步骤、措施、标准和人员责任，是依据工作流程组合成的执行文件。

2006年，为加大电力工程建设贯彻执行国家质量安全法律法规和强制性技术标准力度，确保电力建设工程强制性条文实施，按照国家电监会、中华人民共和国住房和城乡建设部（以下简称“住建部”）的统一部署，湖北公司组织开展电力工程建设强制性条文实施情况检查。检查对象包括项目业主、设计、施工、监理等单位，检查形式主要有现场检查、翻阅资料、企业座谈和走访等，检查内容包括参建单位贯彻落实《电力监管条例》《建设工程质量管理条例》《建设工程安全生产管理条例》《建设工程勘察设计管理条例》等文件精神情况。

2008年，湖北公司坚持依靠自主创新和科技进步，获得国网公司和省部级科技奖励的成果数量增加，层次提高，持续推进电网技术升级和标准化建设。公司优质工程率达到82%，木兰500千伏变电站工程获评中国电力优质工程奖，大吉500千伏变电站工程等11项输变电工程被评为国网公司优质工程，其中木兰500千伏变电站工程的500千伏采用H-GIS设备、220千伏采用GIS设备，均为华中区域电网同电压等级变电站首次采用。

2010 年，湖北公司开展工程质量管理专项活动，开展质量检查和流动红旗竞赛活动，召开质量管理现场会，编制《湖北省电力公司输变电工程质量工艺标准及控制要点》，针对 327 项标准工艺，从设计、施工、监理、建设管理等方面进行责任分解，严格考核。公司印发《湖北省电力公司输变电工程质量工艺管理及考核办法》，对质量工艺问题按事故进行处理，提升质量管理管控能力；应用《国家电网公司业主项目部、监理项目部、施工项目部标准化管理手册（范本）》，推进 3 个项目部标准化建设，落实标准化工作评价；制定 2010 年版《基建管理综合评价办法》，落实对业主项目部及各建设管理单位的项目管理绩效考核。至 2010 年底，湖北公司获评国网公司华中区域电网建设专业标杆单位和 2010 年度基建管理重点工作推进先进单位。

2011 年，湖北公司开展“质量工艺提升行动”等质量提升活动，收集意见、协调差异，不断加强安全质量全寿命管理力度。公司举办质量工艺现场会 3 次，加大安全质量标杆管理力度。

2012 年，湖北公司要求 35 千伏及以上工程全面应用标准工艺，标准工艺应用向低电压工程延伸并得到大力普及，基建项目逐步实现标准工艺应用全覆盖。

2013 年，湖北公司 110 千伏及以上累计 99 个变电站、线路工程获评国网公司输变电优质工程，优质工程率达到 100%，数量和质量均创湖北电网建设历史新纪录。35 千伏输变电工程获评省级优质工程，优质工程率达到 91.3%，比 2012 年提高 59.3%。同年 12 月，由湖北公司策划、湖北送变电公司实施的“双平臂落地抱杆组塔标准工艺施工方法”研究成果通过国网公司审查，进入国网公司工艺标准库。该工艺方法适用于组立横担较长、铁塔全高高于 70 米的高塔，特别适用于塔位交通条件相对较好、邻近带电体及重要地表附着物等不适宜设置落地外拉线的高塔组立施工，施工功效高、风险小，节约施工成本，施工设备可靠性得到极大提升。

2014 年，湖北公司全面完成基建质量管理目标示范样板引路，其主要目的在于确定质量目标和设计标准，从而编制材料、设备的采购标准和验收标准，根据工程进展需求及已排定的施工样板计划，按照样板先行原则，针对具体的施工样板方案组织样板专题会、现场会，事前精细策划、集思广益，反复查阅工序相关施工规范、设计图纸，并最终组织联合验收。样板的另一个优势是分析操作要点，明确施工方法，进行技术交底。加强设计技术管理、工艺亮点策划、标准工艺应用、样板工地建设等关键环节管控，开展示范工地观摩与交流，推动各电压等级工程全面应用标准工艺。

2015 年，湖北公司开展输变电工程质量监督，宣贯住建部《工程质量治理两年行动方案》，落实工程“五方”（建设单位项目负责人、勘察单位项目负责人、设计单位项目负责人、施工单位项目经理、监理单位总监理工程师）责任、主体项目负责人质量终身责任制。开展质量工艺培训和考核，坚持三级质量检查制度，重点治理质量通病，对不满足强制性条文和工艺质量要求的工程进行重点整改。

2016 年，湖北公司加强创优规划，推动全省各电压等级输变电建设工程全面应用标准工艺，110 千伏及以上工程标准工艺应用率达到 100%。公司工程建设质量稳步提升，95 项规模以上输变电工程（规模以上输变电工程包括 110 千伏及以上新建变电站、110 千伏及以上折单长度超过 20 千米的架空线路工程、110 千伏及以上折单长度超过 10 千米的隧道电缆线路工程）获评国网公司优质工程，197 项规模以下输变电工程获评公司优质工程，优质工程率达到 100%。酒泉—湖南 ±800 千伏特高压直流输电线路工程（湖北段）创新设置业主项目部，开展科技创新和质量控制攻关，取得多项成果。在第一次参评的 37 项输（变）电工程中，该工程获得 2016 年度国网公司特高压线路工程项目管理流动红旗。荆州仙东 220 千伏变电站工程符合“建设管理规范、过程控制严谨、设备安装可靠、工艺应用标准、投产运行稳定、示范效果显著”的标准和要求，被国网公司评选为 2016 年度输变电创优示范工程。

2017 年 5 月，湖北公司襄阳卧龙 500 千伏变电站工程获得中国电力优质工程奖。襄阳卧龙 500 千伏变电站工程建设广泛应用新型节能导线等 53 项国家行业新技术，获评电力行业科技进步奖 4 项，先后获得国家发明及实用新型专利 4 项。

2018 年，湖北公司随州编钟 500 千伏变电站工程获得中国电力优质工程奖。同年 11 月，该工程获得国家优质工程奖。随州编钟 500 千伏变电站的建成标志着随州市首座 500 千伏智能变电站正式投产送电，为鄂北电网“高速路”再添新动能。至此，随州地区没有 500 千伏电源点的历史结束，随州电网建设翻开新篇章。酒泉—湖南 ±800 千伏特高压直流输电线路工程（湖北段）符合“建设管理规范、过程控制严谨、设备安装可靠、工艺应用标准、投产运行稳定、示范效果显著”的标准和要求，被国网公司评选为 2017—2018 年度输变电优质工程金奖。

2019 年，湖北公司 51 项工程全部被评选为国网公司输变电达标投产工程，达标投产率达到 100%。仙桃 500 千伏变电站工程获得中国电力优质工程奖、国家优质工程奖。仙桃 500 千伏变电站是湖北省第一座采用全装配式模块化建设的 500 千伏 GIS 变电站，建成后所有输变电设备采用智能控制，整座变电站共有 6 人值守，分两班倒。荆州仙东 220 千伏变电站工程和十堰郧县 220 千伏变电站工程，被国网公司评选为 2018—2019 年度输变电优质工程银奖。

2020 年，按照国网公司统一部署，湖北公司通过基建信息化平台开展变电主要设备安装视频管控活动，实现作业现场关键工序人、机、料、法、环状态的“可视化”精准管控，监督设备安装调试技术规范及标准工艺要求的刚性执行，提升设备安装质量工艺水平，促使实现交接试验一次通过和启动投运一次成功。

2021 年，湖北公司推进“创优示范标杆工地”建设，抓实建设过程质量管控，全面提升输变电工程建设质量整体水平及创优能力。恩施东500千伏变电站工程获得中国电力优质工程奖、国家优质工程奖；孝感长湖220千伏变电站工程获得中国电力优质工程奖、“安装之星”奖。

湖北公司按照“建设管理规范、过程控制严谨、设备安装可靠、工艺应用标准、投产运行稳定、示范效果显著”的标准和要求，深入推进电网高质量建设。同时，依据《国家电网有限公司关于开展变电工程设备安装视频管控的通知》，充分应用基建信息化平台建设成果，发挥基建“e安全”网络优势，减轻工程建设一线负担，分层分级远程开展输变电工程设备安装视频管控，实现作业现场人、机、料、法、环状态的“可视化”精准管控，监督设备安装调试技术规范及标准工艺要求的刚性执行，稳步提升设备安装质量工艺水平，努力实现交接试验一次通过和启动投运一次成功。

第四节　工程建设计划管理

2003—2005年，湖北公司工程建设计划管理主要由各建设施工单位自行进行。湖北宏源电力工程股份有限公司是湖北公司主要的建设施工总包单位。湖北送变电公司通过机构调整，以适应市场的需求，于2003年将原来的经营部一分为二，成立了计划经营部。

2006年，湖北公司设立基建部，开始规范管理工程建设计划工作。工程建设计划工作主要包括负责组织与工程生产例会相关的会议，负责编制年、季、月、周施工生产计划，及时、准确、全面地掌握施工动态，传达上级对施工生产的指示、决定及要求，并检查、收集及反馈执行情况，及时对项目施工要素进行检查分析，准确地向有关领导和部门反馈施工生产进度。同年，湖北公司加强电网建设绩效考核，严格执行新开工项目三年里程碑计划，确保电网发展“十一五”规划顺利实施。公司广泛推行典型设计，加大集中招投标力度，实施标准化、规范化、精细化管理，争创优质精品工程。公司积极争取地方政府支持，超前优先取得站址和通道资源，营造电网建设的良好外部环境。

2009 年，湖北公司基建标准化成果应用、物资信息化建设不断深化。公司实现物资需求计划、统一签约和结算 ERP 线上流转。

2010 年，湖北公司建立基建工作“日预控、周点评、月协调”管理制度，加强公司对建设管理单位，以及建设管理单位对业主、施工、监理项目部的过程管控。公司坚持以计划为抓手，强化建设工作的刚性管控。公司树立超前意识，制定设计、物资、建设及评优工作计划，以实现均衡投产为目标，以月度开工、投产计划为重点，确保全年建设计划按期完成。

2012 年，湖北公司按照“依法开工、有序推进、均衡投产”原则，落实合理工期要求，制定科学合理的进度计划，严肃建设工期调整，严禁随意变更工期，坚决杜绝因盲目赶工期、抢进度而影响安全质量的现象。公司采取细化里程碑计划、加大项目和工程前期工作力度、强化工程协调和超期督办等措施，初步实现工程建设有序开工和均衡投产目标。公司坚持“凡未列入年度计划不得实施招标采购”的原则，实现物资需求计划与综合计划、投资计划、里程碑计划有机衔接。公司实施项目单位需求计划预审机制，开展预审指导检查

2014 年，湖北公司强化计划、预算的统筹调控能力。公司推进综合计划精益管理，统筹优化“量、价、费”，实现综合效益最大化。公司深化全面预算管理，逐层细化指标、科目、项目，统筹优化资源配置，增强资金管控能力。公司提高里程碑计划准确性，切实加快项目预算执行进度，确保当年项目计划结算率达到 85% 以上。

2016 年，湖北公司提高依法建设意识，严控投资计划总量，科学设定工程周期。公司利用运营监控平台开展工程进度关联分析，提升里程碑计划管理水平。公司加强工程分包人员“二维码”管理，推进手机客户端监控应用，强化作业现场管控。公司推动地市公司建设部、项目管理中心一体化运作。公司开展电网物资供应商、项目类别和计划批次全覆盖抽查，大力推行变电

站工程工厂化装配，提高物资设备供应质量。

2017 年，湖北公司加强作业计划梳理和风险评估，严格执行安全工作规程和现场作业"十不干"（①无票的不干；②工作任务、危险点不清楚的不干；③危险点控制举措未落实的不干；④超出作业范围未经审批的不干；⑤未在接地保护范围内的不干；⑥现场安全举措部署不到位、安全工用具不合格的不干；⑦杆塔根部、基础和拉线不坚固的不干；⑧高处作业防坠落举措不完善的不干；⑨有限空间内气体含量未经检测或检测不合格的不干；⑩工作负责人（专责监护人）不在现场的不干）要求。公司落实生产现场领导干部和管理人员到岗到位工作规范，常态化开展"四不两直"督查，着重解决施工方案"两张皮"、领导到位不履责等问题。

2021 年，湖北公司优化重大项目计划安排，及时调整施工组织、运行方式、停电计划、物资供应，深化专业联动、时序协同，做到各环节无缝衔接，确保电网风险防控措施落地落实。

2003 年至 2021 年底，湖北公司以"依法开工、有序推进、均衡投产"为目标导向，遵循项目建设的客观规律和基本程序，科学编制电网建设进度计划，开展进度计划全过程管理，采取有效的管理措施，逐步形成基建专业合规管理体系。

第五节　工程建设技术管理

2004 年，湖北公司积极推动科技创新，加强信息化建设，通过加大科研工作力度，加快信息化建设，结合国网公司建设特高压电网的需要，提前做好相关技术研究，为湖北电网接入特高压电网做好技术准备。公司加强科技资金管理，重视科研成果运用，促进科技成果迅速转化为现实生产力。公司针对生产经营管理中各种技术难题，制定科研项目计划，开展重点技术攻关。

2005 年，湖北公司积极运用科技成果，提高现代化管理水平，推广运用“电网继电保护智能整定计算系统”，提高基建工程整定计算的效率，创造直接经济效益1.5亿元。公司加大信息技术开发和运用力度，全面推广应用输变电生产管理系统。

2006年，湖北公司工程建设管理工作由基建部归口管理，基建部设建设管理处，负责220千伏工程管理（含专业技术管理），负责110千伏工程技术管理。公司主要负责220千伏工程初步设计内审、施工图审查、设计变更审查、新技术应用等，负责110千伏工程初步设计评审、通用设计编制推广应用、新技术推广应用等技术管理工作。各地市公司基建技术管理工作均归口基建部，基建部设技术管理专职，负责110千伏工程初步设计内审、施工图审查、设计变更审查、新技术应用等工程技术管理工作。

2007年，为加强技术标准管理，湖北公司编制完成380伏～500千伏电网建设与改造技术导则等9项技术标准（适用于湖北公司380伏～500千伏电网的建设与改造工作）。

2010年，湖北公司全面采用通用设计技术，广泛推广采用GIS、HGIS、动力伞悬空展放牵引绳、高低腿、原状土基础、林区高跨等新技术，坚持环保施工，减少对环境的影响。公司大力采用节能金具，七里庙220千伏输变电工程采用同塔4回钢管杆和高强钢技术，沌口220千伏变电站扩建工程采用碳纤维复合导线，西塞山电厂—磁湖220千伏线路采用大截面导线，西塞山电厂—大法寺220千伏大跨越线路采用高跨组立技术。公司全年获得国家专利7项，技术成果包括施工设备、工器具、施工工艺等方面。

2011年，湖北公司广泛推广智能变电站技术。公司大力采用节能金具，潘口—十堰500千伏输电线路工程采用Q420B高强钢技术，青山热电联产机组外送工程采用碳纤维复合导线，顾家店—枝江220千伏牵引站输电线路工程采用钢管塔技术，柏泉500千伏变电站工程采用装配式围墙。

2012年，湖北公司开展工程设计创优。公司依托在建工程开展设计竞赛，荆州电力勘测设计院和宜昌电力勘测设计院分别获得变电站和输电线路设计竞赛优胜奖。公司组织220千伏及以上工程参加国网公司优秀设计评选，咸宁横沟220千伏变电站和五峰—宜昌南线路工程获得国网公司2012年上半年度输变电工程优秀设计三等奖，应城220千伏变电站和十堰—悬鼓洲π接房县变电站线路工程获得国网公司2012年下半年度输变电工程优秀设计三等奖。公司开展基建工程新技术研究和应用，“110千伏及以下集中式保护的研究与应用”等2项新技术被列入国网公司2012年依托工程基建新技术研究项目，“变电站屋面自承式屋面板的应用”等4项新技术入选“国家电网公司依托工程基建新技术推广应用实施目录（2012年第一版）”。公司施工科技创新成果显著，上报输电线路（电缆工程）创新成果20项，变电站（换流站）创新成果26项，“特高压钢管塔组立施工技术”等10项施工科技成果入选“国家电网公司施工科技创新成果推广目录”。2003年至2012年底，75个基建工程中推广使用471项新技术。

2013年，湖北公司推广“配送制、标准化、组装法”现场施工标准化管理，提高现场安全文明施工标准化作业水平。公司通过采取“标准化设计和标准化配送”管理，基本实现临建设施运输、储存、使用全过程的规范统一。“智能变电站即插即用功能的研究”被列入国网公司2013年依托工程基建新技术研究项目，服务未来科技城的110千伏东扩12#变电站被列入国网公司2013年新一代智能变电站示范工程。

2014年，湖北公司依托特高压及智能变电站等重点工程，以“鲁班奖”（国家优质工程）等重点工程为依托，以特高压项目关键技术、智能变电站试点工程为重点进行技术攻关，开展科技攻关与创新，努力掌握电网建设核心技术。在特高压线路、变电站施工、特高压杆塔组立、带电跨越、1000千伏变电站钢管构架的安装工艺和智能化变电站安装调试等前沿技术领域，公司形成独特的专业技术优势，取得一些技术成果和专利授权，提高了施工生产效率和效益，提升了工程安全质量本质水平。

2015年，湖北公司采纳国网公司发布的110千伏智能变电站模块化建设通用设计，首先在110千伏电压等级全面实行变电站模块化建设，并启动模块化建设和机械化施工示范工程研究。2016年，公司发布35千伏智能变电站模块化通用设计，并在2017年组织编制220千伏智能变电站模块化建设方案。2017年，按照国网公司统一部署，公司在220千伏电压等级实施模块化建设，推行“标准化设计、工业化生产、装配式建设、机械化施工”。公司承担220-A1-2通用设计方案编制，荆州监利监东220千伏变电站获评全国30个220千伏智能变电站模块化建设示范工程之一。

2019—2021年，湖北公司开展“基建质量提升·三登高”活动，坚持“示范先行、全面提升、持续引领”优质工程建设战略，完善管控机制、强化过程管控、严肃考核问责，推进输变电工程质量管控“八个抓实”（抓实质量终身责任制、抓实材料物资质量管控、抓实施工过程质量管控、抓实质量逐级验收、抓实质量抽查监督、抓实质量通病防治、抓实工程达标创优、抓实质量专业队伍建设）落地。

2003年至2021年底，按照“安全可靠、技术先进、投资合理、运行高效”的原则，湖北公司基建技术标准体系不断建立完善，结合技术进步以及国家强制性标准，组织修订公司输变电工程建设类技术标准并监督执行。通过建立、修订、完善机制，公司全面推广输变电工程通用设计、通用设备标准，以标准化建设提升电网建设质量和技术水平。通过推动理念、方法和技术创新，公司积极稳妥推广成熟适用技术，引领技术进步方向，提升工程设计技术水平。通过建立输变电工程设计质量考核机制，公司强化落实设计质量管理责任，防治工程设计质量问题，提高工程设计质量。通过加强基建新技术研究及应用管理，统筹指导、协调基建新技术研究及应用工作，公司强化落实基建新技术研究应用管理责任，以基建新技术成果转化应用为重点，提升工程建设技术水平。公司不断推进工程机械化施工，以提高施工效率和效益为目标，统筹组织电网施工装备创新。公司坚持落实施工装备资产管理责任，优化重大施工装备信息管理，服务电网工程建设。

第六节　工程建设造价管理

2002—2005 年，湖北公司系统工程建设造价主要由公司基建处下设的定额站指定专人管理，其职能是加强电力工程建设投资估算、设计概算、施工图预算、竣工决算的管理，建立和健全经济定额管理工作体系，合理确定和有效控制工程造价。

2002—2005 年湖北电网工程造价情况见表 1-1。

表 1-1　2002—2005 年湖北电网工程造价一览表

工程类型	造价指标	2002 年	2003 年	2004 年	2005 年
架空线路工程（单位长度造价）	220 千伏 /（万元 / 千米）	52	57	78	70
	110 千伏 /（万元 / 千米）	28	43	47	57

2006 年，湖北公司成立基建部，内设技术经济处，由该处负责公司工程建设造价管理工作。技术经济处主要职责：负责贯彻落实执行国家、行业、国网公司及公司有关电网建设标准和制度，拟定公司电网建设设计、技术、造价等管理工作实施细则；负责 35 ~ 110 千伏电网建设项目初步设计评审和批复；负责 220 千伏及以上电网建设项目初步设计内审和报审；归口管理公司电网建设项目结算和造价管理工作，配合项目管理处做好所属工程结算编制工作；负责公司定额管理工作。

2008 年，湖北公司配合国网公司完成 220 千伏及以上输变电工程可行性研究估算、初步设计概算审核 23 项，完成 110 千伏输变电工程可行性研究、初步设计审查 187 项，有效控制公司电网项目建设造价水平。

2010 年，湖北公司完善制度体系，印发《湖北省电力公司电网工程建设场地费用属地化管理办法》《湖北省电力公司输变电工程设计施工监理激励约束机制实施细则》《关于进一步加强设计变更管理的通知》等，修订《湖北省电力公司输变电工程竣工结算管理实施细则》。公司开展初步设计评审管理和竣工结算管理，下达2010年电网建设项目初步设计收口和竣工结算工作里程碑计划，实行初步设计收口和竣工结算月报制度，明确项目建设管理单位、设计单位、评审单位责任。公司运用信息系统，实现公司系统基建业务ERP全覆盖和单轨运行。公司全年完成1004个单体项目ERP概预算下达、608个采购申请创建和579个采购订单确认。公司工程造价控制成果显著，全年完成输变电工程竣工结算审查127项，上报结算总投资56.93亿元，结算审查批复总投资51.15亿元，总投资节省10.15%。

2006—2010年湖北电网工程造价情况见表1-2。

表1-2　2006—2010年湖北电网工程造价一览表

工程类型	造价指标	2006年	2007年	2008年	2009年	2010年
架空线路工程（单位长度造价）	500千伏/（万元/千米）	142	174	232	379	517
	220千伏/（万元/千米）	78	104	129	158	140
	110千伏/（万元/千米）	35	37	52	58	55
变电站工程（单位容量造价）	500千伏新建/（元/千伏安）	285	315	224	232	314
	500千伏扩建/（元/千伏安）	—	—	94	86	—
	220千伏新建/（元/千伏安）	412	332	289	395	413
	220千伏扩建/（元/千伏安）	129	130	220	156	154
	110千伏新建/（元/千伏安）	369	403	412	354	370
	110千伏扩建/（元/千伏安）	235	194	215	204	173
电缆线路工程（单位长度造价）	220千伏/（万元/千米）	—	—	808	1619	—
	110千伏/（万元/千米）	—	—	363	347	—

2011年，湖北公司工程造价控制成果显著，全年完成电网项目结算审核151个，概算批复金额62.59亿元，结算审定金额58.42亿元，结算按期

完成率达到100%，结算核减率为6.66%。《工程量清单计价模式下的电力技经人员能力素质体系》在国网公司电网工程造价管理征文竞赛中获二等奖。公司基建部获评中国电力工程造价与定额管理总站“2011年度造价管理先进集体”和“定额管理先进集体”。

2012年，为完善技经管理制度体系，湖北公司制定《湖北省电力公司直管电网建设项目资金管理办法》，修订《湖北省电力公司输变电工程结算管理实施细则》《湖北省电力公司电力建设定额站定额工作管理实施细则》《湖北省电力公司电力建设定额站定额工作经费收支管理办法》。公司造价分析报告内容深度在国网公司系统排名第8。公司定额站积极参与国网公司定额站科研工作，牵头完成其科研项目《工程造价信息发布框架研究》，完成《应用通用设计新建变电站工程主要工程量分析》《工程量清单与定额子目差异分析》等专题报告、研究课题。公司基建部获评国网公司2012年技经管理先进单位。

2013年，湖北公司制定“输变电工程2013年结算里程碑计划”“输变电工程结算管理审核报告通用格式”，规范工程结算审核流程和结算审核报告格式。公司开展工程量清单管理，委托符合资质要求的设计单位编制招标工程量清单；开展输电线路工程造价预测。公司造价分析报告内容深度在国网公司系统排名第6。

2014年，湖北公司开展工程造价标准化管理。公司制定《国网湖北省电力公司输变电工程概算编制细则》，完善概算编制工作程序，规范费用项目计取要求和具体标准，明确工程概算编制内容；制定《国网湖北省电力公司输变电工程工程量清单分部结算实施指导意见》，科学设置分部结算节点，明确分部结算各参建单位责任，规范分部结算过程管理，提高结算工作质量和效率；制定“输变电工程项目建场费结算编制及审核工作模板”“工程量差异分析计算书的标准格式”，实施结算审核报告内容深度要求，履行工程结算审批程序。

2015年，湖北公司完善计价标准，做实工程概算。公司全面应用国网公司通用造价，严格执行造价控制线；加强输变电工程概算标准化管理，规范费用项目的计取要求和具体标准，做实工程概算的编制，针对2013版“新预规、新定额”（中国电力企业联合会《关于发布2013版电力建设工程定额和费用计算规定的通知》，2014年1月1日起实施）的发布，制定《输变电工程概算编制细则》，对输变电工程各项费用的计算方法、编制原则进行明确；规范湖北各地区征地及建设场地地面附着物赔偿计列标准，用于指导电网建设初步设计概算、工程结算等工作；对工程“造价控制线”执行作了具体规定，要求设计单位对输变电工程按技术方案、主要设备材料价格、与站址有关主要工程量、政策性因素等进行分析，线路工程按工程量差异、地形系数、材料价格、新型导线应用等因素进行分析，以充分论证造价水平的合理性。公司针对小额投资项目前期费采用费率模式计列额度不足的问题，组织发策部、科信部、财务部、审计部等相关部门结合行政收费标准与工程实施情况，制定湖北地区工程前期费计费标准，使前期工作的造价控制更加准确有效。2015年，根据一年的实际运用情况反馈，公司出台《输变电工程概算编制细则修订说明》，对《电网工程建设预算编制与计算规定》进行适当补充。

2011—2015年湖北电网工程造价情况见表1-3。

表1-3　2011—2015年湖北电网工程造价一览表

工程类型	造价指标	2011年	2012年	2013年	2014年	2015年
架空线路工程（单位长度造价）	500千伏/（万元/千米）	—	219	—	268	207
	220千伏/（万元/千米）	105	113	117	104	120
	110千伏/（万元/千米）	49	64	69	68	75
	35千伏/（万元/千米）	—	31	41	35	37

续表

工程类型	造价指标	2011年	2012年	2013年	2014年	2015年
变电站工程（单位容量造价）	500 千伏新建 /（元 / 千伏安）	—	157	—	234	229
	500 千伏扩建 /（元 / 千伏安）	76	93	94	—	—
	220 千伏新建 /（元 / 千伏安）	287	390	455	373	481
	220 千伏扩建 /（元 / 千伏安）	161	115	129	149	115
	110 千伏新建 /（元 / 千伏安）	383	326	407	479	447
	110 千伏扩建 /（元 / 千伏安）	189	167	170	260	276
	35 千伏新建 /（元 / 千伏安）	—	—	1624	980	1088
	35 千伏扩建 /（元 / 千伏安）	—	—	460	570	308
电缆线路工程（单位长度造价）	220 千伏 /（万元 / 千米）	—	915	—	771	734
	110 千伏 /（万元 / 千米）	205	402	—	600	523
	35 千伏 /（万元 / 千米）	—	—	301	377	349

2016 年，湖北公司开展施工图预算标准化管理，深化应用国网公司基建标准化成果，以输变电工程“三通一标”（通用设计、通用设备、通用造价和标准工艺）为基础，编制完成 220 千伏安等 7 种方案的变电站施工图预算模板，指导施工图预算编制。公司出台《关于印发 < 国网湖北省电力公司输变电工程施工图预算审查指导意见（试行）> 的通知》和《关于印发输变电工程施工图预算编制指导意见的通知》，指出施工图预算编制注意要点，明确预算审查重点内容和审查报告标准格式。同年，公司开展结算全过程精益化管理，出台《国网湖北省电力公司关于印发输变电工程过程造价控制工作方案的通知》，将工程结算管理关口前移，强化造价管理过程控制，合理确定工程造价过程控制节点。

2017 年，湖北公司开展初步设计概算标准化管理，制定《2018 年版输变电工程初设概算编制细则》，统一概算编制工作流程，明确概算编制工作内容，规范概算各项费用计取标准，发布输变电工程标准参考价，加强技术经济比选，合理确定初步设计概算投资。公司开展施工图预算管理标准化工作，依托国网湖北省电力有限公司经济技术研究院（以下简称“湖北经研院”）制定工作细则，下发施工图预算编制和评审指导意见，列举施工图预算编制中需注意的各类问题 103 项，以问题导向提升预算成果质量。公司严格工程量清单和限价审查，印发《进一步加强工程量清单应用工作的通知》，明确两级审查机制，调动系统技经专家开展标前审查，重点对工程量清单和限价的规范性、完整性等进行把关，确保清单质量，精准控制投标限价。

2018 年，湖北公司开展结算报告规范化管理。受国网公司总部委托，公司组织开展输变电工程结算通用格式修编，形成《国家电网有限公司输变电工程结算通用格式》和《输变电工程结算报告编制规定》（国网公司企业标准）两个成果性文件。2018 年底，公司起草《国家电网有限公司输变电工程结算通用格式》，获得国网公司定额系统 2018 年度电力工程造价管理优秀成果二等奖，《传统模式电力管道与综合管廊效益分析》和《装配式变电站主控楼工程费用研究》成果获得国网公司定额系统 2018 年度电力工程造价管理优秀论文二等奖。

2019 年，湖北公司结算审核体系趋于完善。公司建立结算管理监督检查常态化机制，以基建管理单位为监督检查对象，以地市公司（建设分公司）建设管理全过程为检查重点，建立常态化监督检查机制；建立外部咨询单位工作质量考核评价机制，评价造价咨询单位结算审核的项目在内外部审计、各类专项检查中是否暴露问题或者暴露问题的数量等内容；建立造价咨询单位审核和湖北经研院复核双审机制，严格把好项目管理闭环关，进一步提高竣工结算质量。公司完成《输变电工程造价分析监理费专题报告》，获得国网公司定额系统 2019 年度电力工程造价管理优秀成果一等奖。

2016—2020 年湖北电网工程造价情况见表 1-4。

表 1-4　2016—2020 年湖北电网工程造价一览表

工程类型	造价指标	2016 年	2017 年	2018 年	2019 年	2020 年
架空线路工程（单位长度造价）	500 千伏 /（万元 / 千米）	—	154	248	254	301
	220 千伏 /（万元 / 千米）	123	153	116	117	127
	110 千伏 /（万元 / 千米）	69	67	69	76	86
	35 千伏 /（万元 / 千米）	35	35	40	46	48
变电站工程（单位容量造价）	500 千伏新建 /（元 / 千伏安）	125	151	183	218	228
	500 千伏扩建 /（元 / 千伏安）	—	—	—	60	56
	220 千伏新建 /（元 / 千伏安）	378	348	375	356	395
	220 千伏扩建 /（元 / 千伏安）	106	87	107	108	98
	110 千伏新建 /（元 / 千伏安）	445	444	485	460	506
	110 千伏扩建 /（元 / 千伏安）	199	208	180	189	234
	35 千伏新建 /（元 / 千伏安）	1133	1174	—	—	1643
	35 千伏扩建 /（元 / 千伏安）	422	296	299	451	400
电缆线路工程（单位长度造价）	220 千伏 /（万元 / 千米）	785	560	—	710	—
	110 千伏 /（万元 / 千米）	319	248	259	344	453
	35 千伏 /（万元 / 千米）	146	106	95	122	129

2020 年，湖北公司建立初步设计评审月度协调会机制，每月及时分析问题、总结经验，提高评审工作质量；不断加强初步设计评审单位专业队伍建设，督促初步设计评审单位配齐配强各专业评审人员；严格落实评审计划管理和回退制，持续提升初步设计评审规范化、标准化、精益化水平。公司实施“施工图 + 施工图预算”评审制度，引入外部咨询单位，推行施工图预算管理，重点开展机械化施工方案审查，按照审定方案足额计列机械化施工费用。公司将施工图预算评审意见作为施工招标的必备前置条件，全面应用施工图预算管理成果指导施工招标，确保施工图预算管理成效落地。

第七节　工程建设队伍管理

2003—2005 年，随着工程建设项目管理体制的改革，湖北公司工程建设初步形成了以施工总承包单位为主体的工程管理模式。但是劳务分包队伍专业化程度低、素质参差不齐，总承包企业投入大量的人力、物力和资源来管理分包劳务队伍，管理精力被牵制，管理水平提高受到制约。2005 年，根据《国家电网公司电力建设工程分包、劳务分包及临时用工管理规定（试行）》，公司加强、完善劳务分包队伍规范性管理，逐步改变了劳务分包管理较为被动的局面。

2007 年，湖北公司开展安全生产“规范化管理”活动，重新规范工程分包管理，签订承包合同的同时必须签订施工安全、职业健康和环境保护协议，明确双方责任，把分包方及分包工程纳入项目安全管理之中，同等对待、同等要求、同等考核。

2010 年，湖北公司坚持以教育培训为抓手，提高人员综合素质。公司增强“两种意识”（政治意识和大局意识），发扬“两种精神”（抗震救灾精神和抗冰抢险精神），全面落实公司加强“三个建设”（党的建设、作风建设、队伍建设）工作要求，进一步深化作风建设，提升基建队伍执行力。按照国网公司《建设工程施工分包安全管理规定》，公司加强施工分包队伍安全管理。

2014 年，湖北公司落实建设队伍管理措施，完成通用制度、安全质量、特高压管理、基建管控等 11 期专业培训班，培训 1320 人次。公司贯彻落实《国家电网公司输变电工程施工分包管理办法》，加强施工分包管理；开展分包专项检查和资质排查，执行《国网湖北省电力公司施工分包商安全禁入规定》，分层级建立分包信息库，按月备案分包信息；印发《输变电工程施工分包现场安全管理重点措施》，规范施工分包现场“同进同出”管理。

2015 年，湖北公司宣贯《国家电网公司关于印发进一步规范和加强施工分包管理工作指导意见》；开展合格施工分包商审核和上报，严格把关，逐一进行网络复核，结合分包评价结果在公司全口径实施分包商黑名单管理。

2016 年，湖北公司推行作业层班组标准化建设，以"作业层班组标准化建设示范手册"和"输变电工程劳务分包合同范本"为抓手，固化基建改革配套措施落实成果；落实"实名制"管理要求，严格队伍资质、人员素质的进场核查，进一步健全"骨干 + 核心"标准化组织体系，推行"自己干、领着干"作业层班组建设。

2017 年，按照国网公司基建部统一部署，由湖北公司牵头，协同国网冀北公司、浙江公司、辽宁公司、新疆公司开展提升施工企业安全管理水平研究，全面了解施工企业管理现状，就基建安全管理突出矛盾和主要问题展开分析，形成《国家电网公司施工企业安全管理调研报告》。该调研报告为国网公司出台"深化基建队伍改革，强化施工安全管理"12 项配套政策奠定了基础。

2018 年，湖北公司推进国网公司基建 12 项配套政策措施落地，结合国网公司总部统一部署，印发《国网湖北省电力公司关于印发线路工程施工作业层班组建设实施方案》等文件，由建设、人资、发展（产业）、财务、安质、物资等部门共同参与，建立基建队伍改革协调联动机制，线路工程施工作业层班组建设年底通过国网公司总部验收。

2019 年，湖北公司印发《国网湖北省电力公司关于全面加强工程党建引领、深化基建宣传工作的实施意见》，推进工程现场党组织标准化建设，在 37 个省内外工程中组建现场临时党支部，建立"党建 + 质量"等活动载体，推动现场"党建 + 基建"双提升，典型经验被《国家电网工作动态》（第 2514 期）刊发。公司参加国网公司总部"'党建 + 基建'双促进、双提升工程"管理创新项目，建立基建宣传月报机制，立体化宣传各级基建工作者的事迹、业绩、贡献。《电力工人 24 小时在密闭隧道加紧工作缓解用电压力》等 40 余篇报道被中央电视台、《中国电力报》刊发，广泛传播电网建设强大的正能量，宣传成果数量、层级在国网公司系统名列前茅。

2020 年，湖北公司“党建 + 基建”模式助推队伍高质量发展，将党建引领作为基建队伍管理工作的重要抓手，积极推动“党建 + 基建”标准化建设、重点工程劳动竞赛等举措落地。公司规范临时党支部制度体系，由建设管理单位将业主、设计、监理、施工项目部及属地协调单位的党员纳入党组织统一管理；创新构建“支部 + 项目 +X”标准化管理模式，围绕“党建 + 基建”双促进、双提升总目标，推进“项目协调、安全管控、质量提升、工程防疫、价值创造”等重点工作，将党支部建设融入输变电工程建设全过程。

2021 年，湖北公司落实《国家电网有限公司关于落实省公司主管责任加强省送变电企业专业管理的指导意见》要求，结合“电网建设主力队伍”“电网应急基干队伍”“电网运维支撑力量”等定位，围绕“做实、做优、做精”目标，出台加强湖北送变电公司改革发展工作意见，给予股权注资、组织机构优化等 7 项政策支持，深化机械化施工、作业层班组标准化建设等 10 条配套措施落地，不断释放改革活力。公司按照“战区主战、军种主建”模式，开展线路项目直营管理试点，提升项目管理穿透力；转岗 34 名全民职工担任作业层班组骨干，提高自有人员现场管控能力；注资购置机械化施工机具、设备，大幅提升施工装备水平和机械化施工能力。公司技能人才培育成效初显，湖北送变电公司黄代雄入选 2021 年国网公司首席专家。公司加快鄂电监理公司（中超监理公司）一体化运作，充实建管、监理队伍力量，做实甲方现场管理。

第三章

湖北公司输变电工程建设管理举措

第一节 管 理 体 系

一、建管部门情况

地市公司建设部作为电网基建工程建设管理部门，负责管辖范围内35 ~ 220千伏电网基建工程建设全过程管理，执行建设管理制度和技术标准，按工程实施里程碑计划，对基建工程的进度、安全、质量、技术、造价进行全流程管理；负责工程前期、工程建设与总结评价三个阶段管理工作；负责配合500千伏及以上电压等级工程项目管理机构开展所辖区域电网建设项目的属地协调管理工作。县域35千伏基建工程的基建管理主要有两种模式：武汉、黄冈、咸宁、随州等9家地市公司的由属地县公司代管，地市公司建设部对建设实施过程进行监督评价考核；黄石、鄂州、神农架等3家地市公司的全口径基建工程都由建设部直管。

从人资部岗位定编来看，地市公司建设部定编总人数为138人，实际到岗108人，人员到岗率为78.26%，普遍存在缺员情况。其中，黄石、鄂州、十堰等3家地市公司人员到岗率不足70%，缺员严重；宜昌、孝感、黄冈、随州等4家地市公司通过挂职锻炼、轮岗培养的方式选调基层人员充实到建设部，人员紧缺问题得到一定缓解。

二、专业支撑机构情况

项目管理中心作为专业管理部门业务支撑机构，主要负责项目建设过程管理，推动工程建设按计划实施，实现工程进度、安全、质量、技术和造价等各项建设目标。项目管理中心作为地市公司基建业务支撑机构，配合建设部完成相关管理事务，负责派人员参与业主项目部组建，对业主项目部成员考核评价，保障业主项目部各项工作正常运转。

项目管理中心成立情况：除神农架公司外，其余13家地市公司中，武汉、黄石、黄冈等5家地市公司成立了项目管理中心，鄂州等8家地市公司项目管理中心机构未获批，作为临时机构挂靠湖北经研院实体化运作。结合本单位实际，各地市公司项目管理中心在业务管理范畴上存在一定差异，武汉、荆州、黄石等3家地市公司的项目管理中心不仅承担基建工程建设任务，还负责迁移改造（以下简称“迁改”）、业务扩展等工程项目过程管理。

这13家地市公司项目管理中心定编人数为287人，实际到岗228人，人员到位率为79.44%，项目管理中心缺员情况与建设部情况相当。黄冈、鄂州、十堰等3家地市公司定岗到位率不足70%，缺员严重；武汉、荆州等两家单位通过借调基层人员到项目管理中心，人员紧缺问题得到一定缓解。

三、参建单位情况

1. 设计单位情况

目前，各地市公司基建工程设计任务主要由本单位设计院通过招投标方式承揽，各设计院基本具备从事220千伏及以下电力工程设计能力。其中，武汉、襄阳2家地市公司电力设计院为电力工程专业甲级设计资质，其余12家地市公司电力设计院为电力工程专业乙级设计资质。

因资质等级和业绩能力方面的限制，除武汉、襄阳、荆州、宜昌、孝感等5家地市公司电力设计院独立完成过本辖区范围内220千伏新建输变电工程设计任务以外，其他地市公司建管的220千伏新建输变电工程设计任务主要由湖北省电力规划设计研究院（以下简称“湖北省电力设计院”）承揽，220千伏改扩建工程及以下电压等级基建工程设计任务由本单位设计院承揽。2022年以来，220千伏新建输变电工程设计任务由湖北省电力设计院和各地市公司电力设计院承揽的比例分别为70%和30%，各地市公司电力设计院独立开展220千伏及以上输变电工程的设计能力有一定提升。

2. 施工单位情况

目前，各地市公司基建工程施工任务主要由本单位电网建设分公司通过招投标方式承揽，具备独立完成220千伏及以下输变电工程建设施工任务的能力。输变电专业施工任务基本实现全自主实施，部分单位采取“自有人员+劳务派遣”的模式；线路专业施工普遍采取劳务分包形式，自有人员参与工程施工管理，骨干和作业人员为劳务分包人员。

14家地市公司电网建设分公司，从事基建工程施工的骨干人数有511人，其中采取“全民+直签”模式的有277人，采取劳务派遣模式的有234人。武汉华源电力有限公司（54人）、十堰巨能电力集团有限责任公司（43人）采取“全民+直签”模式的骨干人数相对较多；孝感市光源电力集团有限责任公司安装分公司（36人）、鄂州电力集团有限公司电网建设分公司（29人）采取劳务派遣模式的骨干人数相对较多。

3. 监理等单位情况

目前，鄂电监理公司（中超监理公司）在各地市公司均成立了分支机构，承揽基建工程监理任务，各监理分公司管理人员向属地供电公司借用，受上级监理单位和属地供电公司双重管理。监理单位的业务范围，除基建工程建设施工任务外，还包括技改、网改、迁改、新住配等业务。其中鄂电监理公司的分支机构主要辐射荆门、鄂州、咸宁、随州等8家地市公司，中超监理公司的分支机构主要辐射黄石、宜昌、黄冈等7家地市公司，武汉公司同时有鄂电监理公司和中超监理公司两家分支机构。

四、三个项目部及作业层班组建设情况

各地市公司施工、监理、业主三个项目部基本按照项目部标准化手册要求组建，统一组建了班组式业主项目部，贯穿35 ~ 220千伏不同电压等级的项目集中管理。监理项目部普遍采用总监任命制及总监选人模式，施工项目部按工程单独成立。业主项目部一般在项目初步设计工作启动时组建，按照输变电工程项目进行单独组建，受项目管理人员数量限制，实行项目经理负责制，工作贯穿项目前期、工程前期、工程建设、总结评价四个阶段。

线路作业层班组为“3+X”建制，受施工单位自身发展不均衡及淘汰退

出机制影响，存在专业分包队伍数量不足、骨干人员紧缺的情况。输变电电气作业层班组为“带着干”建制，输变电土建采取专业分包模式，作业层班组由分包单位自行组建，施工单位配备“同进同出”人员。

第二节　主要做法

一、基建安全可控在控

1. 强化到岗履责

湖北公司以“抓责任、精管理、固基础”安全主题活动为主线，严格落实负责人“分片包干”挂点制度。截至 2023 年 6 月，公司累计到岗履职 106 人次，有效巩固作业单元管控长效机制。

2. 强化风险和计划管理

湖北公司每周对在建工程“一本账”进行梳理，完成 500 千伏葛军线、220 千伏下陆线改造等 12 项高风险工程全线梳理。公司规范作业计划上报审批流程，基建专业作业计划执行率超过 98%。

3. 强化现场管控

经过深刻分析，湖北公司吸取 2023 年上半年各类违章及事件的教训，制定输电线路工程拆除作业安全技术措施、铁路跨越架搭拆管理要求，维护现场施工秩序。

4. 深化“两个标准化”建设

湖北公司完成 254 个班组、4032 名作业人员能力评估，督促 41 个薄弱班组闭环整改，及时清退 9 个不合格班组。

5. 开展基建专业“班组建设深化年”活动

湖北公司遴选荆州、黄冈、鄂州等 5 家地市公司深入开展班组建设研究，组织6个批次作业层班组骨干岗前培训考试，累计4428人通过考试，培养更多安全管理“明白人”。

6. 强化隐患排查治理

湖北公司针对无计划无票作业、高空作业失去保护等突出问题，开展电网建设突出问题治理专项行动。公司组建2个督查组，发现并整改问题532项，堵住现场安全管理漏洞。

二、工程建设有序推进

1. 加强建设计划统筹

湖北公司分级制定项目年度实施计划，会同调控、物资等专业人员逐一明确停电计划、物资供应等16项关键节点，统筹500千伏和220千伏基建停电需求，分别实现“一停多用”33次和66次，确保计划精准可行。

2. 严格计划刚性执行

湖北公司坚持工程协调例会、周报日报管理机制，加强工程前期准备工作启动委员会（以下简称“启委会”）等关键环节管控，保障项目有序实施。

3. 全力推进重点工程建设

湖北公司统筹精锐力量向重点工程聚集，高峰期投入项目管理人员589人、施工人员5962人、吊车等大型机具690台（套），及时投运安兴2回与江兴1回对调、随州电厂500千伏送出、宜城电厂500千伏送出、葛洲坝—军山500千伏线路改造等68项工程，保障了荆州热电工程二期、宜城电厂、随州电厂三项省级重点电源项目及时并网和安福站合环运行。

恩施东—朝阳500千伏、汉水和赤壁输变电等重点工程全部按计划推进，圆满完成了阶段建设任务。25项迎峰度夏工程全部于2023年6月30日前按期竣工投产，助力度夏期间湖北省电力安全可靠供应。

4. 全面完成阶段建设任务

2023 年上半年，湖北公司 110 ~ 500 千伏项目开工合计线路 715 千米、变电容量 448 万千伏安，投产合计线路 1326 千米、变电容量 505 万千伏安。公司年度开工、投产计划的完成率分别为 43%、75%，超额完成国网公司下达的任务。

三、质量管理持续深入

1. 严把质量管理“策划关”

湖北公司对各电压等级项目逐一编制工程质量管理规划，完成 2023—2025 三年工程创优规划。

2. 严把质量检测“入口关”

湖北公司以入场见证和实测实量为抓手，完成 75 项输变电工程检测，发现 45 项问题并监督闭环整改。

3. 严把视频管控“过程关”

湖北公司动态监控施工工艺和关键工序流程，2023 年上半年依托值班平台督导 GIS 关键环节视频管控作业 1103 处。

4. 严把质量验收“出口关”

湖北公司结合转序、隐蔽工程验收等关键环节清单开展现场质量验收工作，新投运工程全部实现“零缺陷”。

5. 严把达标投产“考核关”

公司层面组织完成 33 项输变电工程达标投产复检，达标投产通过率达到 100%。

6. 全力推进重点工程创优工作

湖北公司持续推进赤壁变创“鲁班奖”、汉水变创“国家优质工程奖”

等样板工程建设。公司重点加强赤壁变创“鲁班奖”创建工作例会常态机制，明确“赤壁文化”方向，推动装配式建筑技术应用等11项科技项目成果落地，合力打通创优堵点。

7. 加快推行绿色建造

湖北公司组织输变电工程绿色建造评价，在中国电力建设企业协会（以下简称“中电建协”）组织的绿色建造评价活动中，孝感毛陈220千伏变电站工程荣获绿色建造“二星”工程，编钟—仙女山500千伏线路工程、宜昌东风坝110千伏变电站工程荣获绿色建造“一星”工程。

四、“六精四化”不断深化

1. 固基础

湖北公司强化设计源头把关，完成输变电工程初步设计评审40项、施工图设计评审74项，持续推进设计标准化工作，出台输变电工程差异化设计管控要点。公司全面提升设计评审能力，将湖北正源电力集团有限公司设计分公司（武汉供电设计院）纳入评审体系。公司开展设计质量专题座谈，精打细算控造价，按计划在平台完成结算项目68项，按期完成率达到100%；在施工招标前开展施工图预算审查，累计完成施工图预算审查项目73个。公司推进造价管理强基固本能力提升专项活动，完成专业人员情况摸底和培训工作。

2. 强创新

湖北公司深入推进机械化施工，制定电建钻机成孔、集控落地抱杆组塔等12项创新工法应用计划，4项成果在国网公司机械化施工现场会上进行展示。公司研究机械化施工三年行动计划，全面加快间隔棒安装机器人等创新工法研究，扎实开展设计—施工（DB）总承包试点工作，试点项目黄梅岳窑110千伏输变电工程于2023年3月开工建设，做好“方案比选与适用性研究”

等子课题研究。公司深化数字化建设与应用，持续推进 e 基建 2.0 技经模块和数字化归档等国网公司试点任务，开展基建全过程平台可视化微应用建设。“智慧工地建设系统”获得国务院国有资产监督管理委员会（以下简称“国资委”）首届国企数字场景专业赛三等奖。

3. 促规范

湖北公司做好各级各类外部检查迎检工作，开展设计、施工、监理队伍管理等专项整治，完成中央巡视组下沉、国网公司数字化审计监督疑点核实等配合工作，针对排查发现的问题，举一反三，持续改进。公司规范输变电工程场地清理工作，明确输变电工程施工场地租用、迁移补偿、输电线路走廊清理等建设场地清理工作流程，指导依法合规开展工程建设，从源头降低舆情事件风险。

4. 抓队伍

湖北公司加强基建技能队伍建设，开展输变电工程基建技能培训，积极参与“工匠杯”技能大赛，强化技能人才储备。公司持续抓好基建宣传工作，发布管理要求，加强选题策划，320 余篇基建宣传报道刊发于《国家电网报》等各级内外部媒体。公司深化湖北送变电公司改革发展，制定市场化、专业化改革试点工作方案，形成 16 项配套制度，做好相关课题专项研究。

第三节　面 临 困 难

一、电网建设安全基础仍不牢固

在分析公司基建专业 2023 年以来违章情况后发现，管理违章占 23.96%，行为违章占 51.04%，装置违章占 25%。无计划无票作业、作业计划未按要求提前发布、未经准入人员参与现场作业、防脱钩和限位装置缺失、现场安全措施未落实等违章现象占比较大。

以中超监理公司为例，2023年上半年及时发现并处置了恩朝线“3·2”T61铁塔地面组装，“5·7”T422-T426索道运输，“5·8”T109铁塔地面组装无票、无计划作业恶性违章事件；赤壁变配套线路中国电建“4·10”TB18基础施工无票、无计划作业恶性违章事件。

结合2023年以来发生的随州公司“3·31”以及武汉公司“4·11”事件，可以看出：人员安全意识不牢、现场管理粗放、施工能力和承载力不足的情况依然存在；人员队伍能力素质参差不齐、施工现场习惯性违章等问题依然突出，安全管理工作的基础仍不坚实。

二、进度与安全统筹难

工程协调时间柔性与现场施工工期刚性存在矛盾，赶工期带来较大隐患。湖北送变电公司等单位反映，目前施工工期主要有以下三个方面的制约因素。

一是前期工作深度不够。有的工程在设计和施工方案编制时，现场探勘不深入，未考虑施工环境影响，造成施工方案规划不细致，前期设计与实际情况不符、与现场施工存在“偏差”，导致设计变更、工程返工，增加基建成本，影响建设工期。

二是工程建设制约因素多。部分工程施工林地占用、跨越铁路、跨越高速公路、征地补偿手续办理难度较大、周期较长，基建施工节奏被打乱，项目难以连续作业，实际工期被大幅压缩，抢工现象普遍存在。

三是停电计划管理难度大。跨越带电线路架线，同塔双回一侧带电施工，受电网结构削弱和停电窗口期制约，往往不允许停电或停电时间压缩。

三、施工机械化水平亟待提升

相较于铁路等主流建设施工行业，电力工程施工装备和技术水平比较落后，跟不上输电技术快速发展的步伐，依靠人力施工与快速发展的电力行业之间的矛盾日益尖锐，作业效率高、安全可靠的新型施工装备和机具相对缺乏。输变电行业受经营能力制约，在施工工艺和安全防护技术上多是“亮点型”

的小改小革，欠缺前瞻性、战略性的考量。

调研中，很多一线员工形象地表示，他们在用落后的装备建设世界最先进的电网。同时，机械化施工受地形限制，各地市公司机械化施工率不均衡。恩施公司反映，恩施地处山区，机械化装备进场困难，线路机械化率不足30%。

四、基层一线负担较重

制度规定规范严谨，但一线作业人员文化差异较大，无法“入脑入心”，执行效果大打折扣。基层普遍反映，公司基建安全各种制度要求种类繁多，文件越发越多、越发越厚，但当前施工一线工人普遍学历较低，接受能力差，能够看懂听懂、消化吸收整套制度规定确有实际困难，加之培训宣贯手段较为单一，针对性不强，导致制度规定出台后往往出现“上面热、下面冷”的现象。

例如，劳务分包人员张某说到，农民工文化水平本来就低，根本听不懂更看不懂“密密麻麻”的文字，他们更希望“简单的、有声的”安全宣贯方式。不少项目管理人员提出，e基建2.0、安全管控等平台存在数据多次重复录入的现象，以致耗费大量的工作时间来填系统。

第四节　提升举措

一、抓基础，持续提升基建安全管理质效

1. 健全基建安全管理体系

一是以安全责任清单为抓手，持续完善安全保证体系。湖北公司逐级对照安全责任清单，逐项落实“管业务必须管安全”要求，将基建安全工作思路和最新要求及时传达至业主、设计、施工、监理等各责任主体，务必做到“全面、全员”“知责、明责”。

二是各级基建领导干部充分发挥“头雁”效应，带头学制度、学口袋书、

学安全规范，全力加强管理团队安全履责能力建设。各级管理人员主动作为，有效履职，抓现场、抓基层、抓基础，及时发现问题、解决问题、改进提升。

三是加强基建安全执行能力建设，建立安全工作督办问责体系，细化目标任务，加强指标管控，做到凡事有策划、事中有反馈、事事有闭环。

四是健全基建安全激励机制，统筹各类单位和班组评先、竞赛等活动载体，综合职员职级、荣誉表彰、薪酬薪点等激励措施，不断强化安全履责正向引导，让想干事的员工有平台，能干成事的员工有舞台。

五是加强安全监督检查体系建设，做实“远程 + 现场”检查常态机制，保证和监督体系双管齐下，雷厉风行、动真碰硬、真抓真改，实现检查全覆盖、整改见实效。

六是以实效为导向完善管理手段，结合工程实际、参建队伍特点，及时加大管理资源投入，因地制宜优化细化管控机制，着力解决安全工作“上热下冷”的问题，促进各项管理要求有效落地。

2. 丰富安全管控手段

一是以“务实尽责，共享平安”的理念保障现场安全。

湖北公司通过宣传册、短视频等易于一线人员接受的形式，加强安全文化和标准化作业要求宣贯学习，营造“人人知晓、人人认同、人人践行”的文化氛围，将“1+9+N”安全文化和“一方案一措施一张票”标准化作业要求内化于心、外化于行，真正形成“按制度执行、按标准作业”的行为习惯。公司推动安全文化融入管理、深入基层、扎根一线、落实到岗位，使安全作业真正成为广大基建员工的身体本能、条件反射和行为自觉，确保在基建战线落地见效。

二是以“互惠共赢，共谋发展”的理念培育管控分包队伍。

（1）严格标准把好“准入关”。公司建立涵盖人员数量、劳动社保关系、技术能力、履约指标的考核准入标准，由过去重资质向重班组、重能力转变。

（2）稳定收益提升“获得感”。公司合理制定工程计划，项目有序开工、按期完工，稳定和调剂业务量，切实稳定分包队伍的应得收益，留住核心分包队伍。

（3）动态评价拧紧“考核链”。公司健全以分包队伍核心班组、核心分包人员为主的动态履约评价体系，设置梯队考评机制，对评价不优、能力下降、管理不善的队伍进行有序退出，形成交错互补的良性竞争格局。

3. 加强专业人才队伍建设

一是加强管理人才建设。公司以配齐配强项目部管理人员为主线，以标准化项目部创建为抓手，做实做细项目部基础管理，强化工程建设专业支撑，实现“内行人”监督“专业事”，不断提升输变电工程作业单元管控能力。

二是加强作业层班组建设。公司以“班组建设深化年”活动为契机，做好作业层班组骨干选拔、培训和考核工作，提高班组关键岗位人员安全履责能力，确保每一个班组都有“明白人”。扎实开展基建安全质量管理及施工作业层班组培训活动，进一步提高骨干人员管理和技能水平。

三是深化专业人才培养。从公司系统选拔一批作风扎实、专业过硬的基建安全管理专业“带头人”，组建一支专业技术水平高、安全意识强的专家队伍。公司定期开展安全专家论坛，强化法律法规、管理制度培训宣贯，交流先进安全管理思路和措施。

二、保任务，全力统筹好进度和安全

1. 周密编制里程碑计划

湖北公司总结前一阶段“里程碑计划”执行情况，利用迎峰度夏（冬）基建“空档期”，充分预判项目建设情况、工程前期进展，会同发展部门科学合理完成年中计划调整和下一年度计划预安排工作，不满足边界条件的项目不得列入计划，保证全年建设计划的均衡性和合理性。

2. 抓实工程前期工作

湖北公司加大前期工作深度和建设专业深度可行性研究，避免建设中发生颠覆性问题。公司践行“不抢工期抢前期”理念，深化两个前期一体化融合，紧盯项目核准和可行性研究进展，优化内部管理流程，向前期工作要进度，向流程优化要进度。公司超前启动开工准备，落实先签后建、标准化开工要求，争取早开工、多开工，保障项目施工周期。

3. 做好项目实施安排

湖北公司加强建设与生产、调度、物资等专业横向沟通，综合考虑运行方式、停电计划、物资供应和施工承载力等因素，系统编制电网基建项目实施安排。重点工程全过程实施“月统计、周通报、日报表”提级管控，强化里程碑关键节点督办，做好启委会等关键环节管理，保障计划刚性执行。

4. 深化“一口对外”协调机制

湖北公司保持政府主导、企业主动、各方参与的良好局面，加强分级“一口对外”协调机制建设，充分发挥属地优势，加快用地、用林、规划、土地等审批手续办理，破解通道拆迁、交叉跨越等外协难题，为工程有序推进奠定基础。

三、促提升，加快“六精四化”提档升级

1. 系统推行机械化施工，提高本质安全水平和效率效益

一是抓策划，建立“单基勘测、单基策划、逐基审核”模式，从设计源头做实施工策划，压降作业风险。

二是提装备，梳理机械化设备配置缺口，加大机械装备投资力度，加快施工装备更新换代，推动施工装备标准化、系列化、智能化，提升电网施工装备水平。

三是强创新，大力推广机械钻孔、流动式起重机组塔等安全性能更高的机械化作业方式，全面应用集控智能可视化牵张放线移动式跨越架等创新工法，做好间隔棒安装机器人等新技术研发，推广适用于220千伏及以下电压

等级铁塔组立的轻小型落地抱杆等新装备的使用，选取部分工程开展全过程机械化施工试点，着力提升机械化施工管理水平。

2. 加快深化装配式建设，提升变电站建设质量

一是发挥设计龙头作用，选用装配式建设方案，全面应用钢结构全螺栓连接技术、一体化复合墙板等新技术，总结实际应用情况，向厂家提出技术要求，提高预制件质量。

二是抓装配式建设厂家培育，选用一批生产工艺成熟、产品质量卓越的装配式生产厂家，形成质量过硬、标准统一、产能高效的成熟生产线，通过标准化生产、大规模应用不断降低预制件价格。

三是做好装配式建设新技术研发，以变电站地下部分的装配式建设为方向，以参与国网公司总部科技项目、新技术研究项目为契机，试点应用预制枕托型电缆沟、预制式 GIS 基础等新技术，探索变电站地下建筑物的装配式建设新模式。

3. 全面深化数字化管控，提升基建管理穿透力

湖北公司以问题为导向深化数字化应用，准确把握基建“过程性、基础性、移动性、外部性”特点，做实人员轨迹 App 和 e 基建 2.0 安全模块管理，确保每一个现场、每一项作业计划、每一张作业票、每一名作业人员、每一个作业行为在线管控。公司做好数字化技术研发，做好 e 基建 2.0、可视化看板功能和智慧工地系统建设与应用工作，加快现场管理数字化转型。通过推动基建数字化技术与规划设计、生产运维、经营管理、用户服务等深度融合，公司进行全业务、全链条数字化变革，提高电网建设的全要素生产率，促进企业数字化转型走深走实。公司加强基建数字化平台规划设计，做好 e 基建 2.0、安全管控等平台融合，打通数据交互堵点难点，避免“烟囱林立”，切实为一线班组“减负”。

第四章

湖北公司“六精四化”实施路径

第一节　总体思路

围绕国网公司基建工作要求和湖北公司决策部署，湖北公司扎实开展基建“六精四化”三年行动，全面开启“六精四化”新征程，实现公司基建工作“华中区域领先、国网第一方阵”目标。

在专业管理上，湖北公司实施“六精”管理，精益求精抓安全、精雕细刻提质量、精准管控保进度、精耕细作抓技术、精打细算控造价、精心培育强队伍，建立健全“架构更加科学合理、运转更加有序高效、管控更加科学有力”的专业管理体系，推动公司基建管理能力水平再上新台阶。

在工程建设上，湖北公司实施“四化”建设，以标准化为基础、绿色化为方向、机械化为方式、智能化为内涵，推进“价值追求更高、方式手段更新、质量效率更优”的高质量建设，推动公司工程建设能力水平再上新台阶。

第二节　基本原则

一、结合实际，全面把控

湖北公司结合基建工作和工程建设基本情况，全面把控管理要素、逻辑关系、管控要点，适应新发展形势，贯彻新发展要求，落实新发展理念，采用科学方法论，推动管理提升和技术进步，实现“双一流”（建一流电网、创一流管理）。

二、提前谋划，稳步推进

湖北公司提前谋划基建管理、工程建设的提升方向和目标，强化实施过程指导，有序推进重点任务，形成一套华中区域领先、可在国网公司系统推广的管理经验，打造一批具有湖北特色、专业领先的标杆工地和标杆工程。相关成果在湖北公司内部全面推广实施，争取纳入国网公司典型经验。

三、强基固本，创新提升

湖北公司总结提炼管理经验和技术手段，推进“六精”内涵及管控机制的创新研究和落地工作，开展工程建设“四化”关键技术攻关，改进管理方式方法，优化提升建设方式，打造湖北基建特色品牌，实现专业管理水平和整体建设能力“双提升”。

第三节　总体目标

一、2022年（起步年）

湖北公司印发实施方案，明确总体目标、重点任务。

一是基本建成以“六精”为主要内涵的建设专业管理体系，根据国网公司统一部署，开展公司专业管理创新研究，形成一批特色亮点创新成果推广；完善统一的数字管控平台功能，强化建设队伍专业能力建设，推动专业管理体系有序运转。

二是创新开展“四化”技术攻关，开展电网建设标准化、绿色化、机械化、智能化相关技术及措施研究，形成系列技术规范，开展试点工程建设。

三是公司年度计划执行准确率达到90%，风险精益管控率达到70%，机械化施工率（线路施工安全风险压降率）达到60%，造价标准化率达到85%，绿色优质达标率达到80%。不少于1项在建工程入选国网公司现代智慧标杆工地，不少于1项投运工程入选国网公司输变电标杆工程，不少于2项工程获得国网公司输变电优质工程金（银）奖。

二、2023年（深化年）

湖北公司深化试点实施成果，推动完善提升。

一是深化完善“六精”管理成果落地，结合专业管理工作，深化专业工作机制创新成果落地，深化数字管控平台应用和队伍建设，推动专业管理体系平稳运转。

二是深化完善“四化”建设成果落地，持续深化技术创新攻关，完善“四化”建设有关技术规范，推进试点工程建设实施，提升高质量建设水平。

三是公司年度计划执行准确率达到 93%，风险精益管控率达到 80%，机械化施工率（线路施工安全风险压降率）达到 70%，造价标准化率达到 90%，绿色优质达标率达到 85%。不少于 1 项在建工程入选国网公司现代智慧标杆工地，不少于 2 项投运工程入选国网公司输变电标杆工程，不少于 2 项工程获得国网公司输变电优质工程金（银）奖。

三、2024 年（巩固年）

湖北公司总结提炼成果，全面应用国网公司和湖北公司标准化成果，建立健全常态化机制。

一是巩固“六精”管理成果，建立健全专业精益化管控长效机制，推动数字管控和队伍培育形成常态，实现专业管理体系高效运转。

二是巩固“四化”建设成果，全面总结提炼“四化”建设成果，力争形成相关技术标准，在工程建设中全面推广实施，持续强化技术创新及应用，全面提升电网高质量水平。

三是公司年度计划执行准确率不低于 95%，风险精益管控率达到 85% 以上，机械化施工率（线路施工安全风险压降率）达到 80%，造价标准化率达到 95%，绿色优质达标率达到 90%。不少于 2 项在建工程入选国网公司现代智慧标杆工地，不少于 2 项投运工程入选国网公司输变电标杆工程，不少于 2 项工程获得国网公司输变电优质工程金（银）奖。

第四节　重 点 任 务

一、构建以“六精”为主要内涵的专业管理体系

（一）精益求精抓安全

湖北公司坚持强基固本、标本兼治、综合施策，将安全管理要求落实到每一个现场、每一位作业人员，从源头上防范化解重大安全风险，不断提升基建本质安全水平。

1. 抓安全责任落实

湖北公司深化建设管理部门挂点制度，把作业层班组、项目部、参建单位和各流程管理链条的责任落到实处，巩固作业单元管控长效机制。基建管理单位要足额配备合格的管理人员，抓实风险管控，做好应急响应。设计单位要落实设计深度要求，加强现场服务，从源头压降安全风险。监理单位要建立健全项目安全总监理工程师、驻队监理标准化管理制度。施工单位要配齐合格的项目部管理人员、作业层班组人员，足额投入安全生产费用，配备满足工程需求的施工机具及安全防护用品，强化核心分包队伍（人员）培训和管控，全面应用创新工法。业主、施工项目部要加强安全日常管控，将安全管理要求切实落实到现场一线，监理项目部要配备参加统一岗前培训且考试合格的项目安全总监理工程师、驻队监理，确保人员能力素质达标。作业层班组要执行班组标准化建设要求，全面应用“一图三表”（现场布置图和人员分工表、机械材料表、风险管控表），严格落实安全文明施工措施，规范作业现场标准化管理。所有班组骨干和分包人员入场前必须参加培训并考试合格，实施转序阶段准入放行，切实做到“十不干”“五不作业”（①未戴安全防护用品不作业；②未按规定操作机械设备不作业；③未携带防护用具进入有危险因素场所不作业；④未按规定操作易燃易爆物品不作业；⑤未按规定操作不高空作业）。

2. 抓全过程风险管控

湖北公司加强工程前期风险辨识评估，设立试点并全面实施风险辨识评估制度。公司严格建立各阶段风险管控措施，做好“三措一案”（施工组织措施、技术措施、安全措施和施工作业方案）落实，重点加强半站改造、人工挖孔、索道运输、悬浮抱杆组塔、邻近带电体施工等高风险作业的监督检查，实行风险销号管理，确保每项作业风险受控。公司建立全过程风险实施评价机制，深化年度策划、季度分析、月度点评，开展风险管控情况评价。公司建立管理单位依据平台数据和日常检查情况，及时测算全过程风险精益管控率，并纳入合同结算考核。

3. 抓安全效能提升

湖北公司优化“四不两直”安全检查模式，将检查重点从“查问题”提升为“防风险”。公司全面总结安全生产专项整治三年行动，形成“两个清单”整改成果，总结先进做法和典型经验，形成制度成果和典型案例。公司强化“四不两直”检查、值班管控、一本账工作，做好风险清单“月梳理、周校核、日跟踪”管理，盯紧盯牢作业现场风险。公司动态开展作业层班组能力评估，为班组人员“精准画像”，及时清退不合格人员。

（二）精雕细刻提质量

湖北公司深化质量全过程管控机制，提升全过程管控智能化水平，持续深化输变电工程高质量建设，打造优质精品工程，夯实电网高质量发展和安全可靠运行基础。

1. 抓“五关”管控

湖北公司持续健全涵盖质量管理“策划关”、质量检测“入口关”、视频管控“过程关”、质量验收“出口关”和达标投产“考核关”的全过程质量管控机制。公司按照“四个不低于95%”的目标，稳步提升设备材料进场检测合格率、主设备试验调试一次通过率、系统投运一次成功率和达标投产抽查监督通过率。

2. 抓示范引领

湖北公司按照“申报一批、建设一批、策划一批”的原则统筹开展优质工程创建，努力提升技术先进性、功能可靠性、工程耐久性、施工安全性、运维便捷性、绿色建造水平和建设效率效益。公司强化优质工程样板示范引领，打造“国优奖”创新样板、“鲁班奖”匠心样板、“金银奖”示范样板、“水土保持示范工程”样板，均衡提升各区域、各单位、各电压等级工程建设质量，公司国家级优质工程数量持续保持行业领先。

3. 抓手段提升

湖北公司持续健全建设质量数据库，应用大数据分析研判质量管控效能，精准防治质量通病。公司推广应用数字化手段，开展质量关键环节及核心参数实时在线监控，深化质量检测、视频管控、质量验收等全过程质量智能管控，持续提升质量工艺水平。公司做好“质量专家、管理专职、专业监理师、工程质检员、施工工匠”选拔和储备，分级分类开展能力素质专项提升行动，持续夯实质量管理基础。

（三）精准管控保进度

湖北公司以依法建设为前提，综合考虑建设条件和资源保障，以计划引领电网建设全过程管理，平衡风险理念，统筹建设资源，调控建设节奏，促进业务协同，确保全面完成建设任务。

1. 强化计划制定和统筹

湖北公司充分考虑前期进展、工程特点、外部环境、建设需求，严守依法合规底线，合理设定年度建设总体任务目标。公司统筹制定涵盖设计、评审、采购以及物资供应、停电配合、手续办理、开工投产、合同结算等全流程的里程碑计划，确保各环节衔接有序、工程工期科学合理。

2. 优化进度计划，分析监督机制

湖北公司深化基建全过程数字化平台、“三率合一”监测、智能化监测等技术手段应用，探索推广国网公司进度精益管控“揭榜挂帅”研究成果，常态化开展进度计划全过程分析和监督，及时发现问题，提前开展纠偏，杜绝虚假开工、开工即停工、长期无实质性进展、进度与投资不匹配等现象发生，提高计划执行精准水平。

（四）精耕细作抓技术

围绕电网建设转型总体要求，湖北公司扎实推进基建技术管理和技术创新工作，提高电网建设技术水平。

1. 抓标准化成果落实

湖北公司总结装配式技术经验，全面深化通用设计、通用设备应用，确保标准化成果应用率不低于 85%。公司高质量推进国网公司模块化建设 2.0 版示范工程建设，及时总结，形成标准化成果；完成公司承担的线路杆塔通用设计优化、湖北岩土分布图绘制任务。

2. 抓关键技术公关

湖北公司深化模块化建设技术研究，进一步提升设备的集成度、构筑物预制率，开展变电站地下部分和基础的装配式建设研究。公司积极开展施工技术和施工装备创新，提高现场机械化施工水平，减少人工作业，降低作业风险。

3. 抓管理机制创新

湖北公司深化基建技术队伍建设，成立公司技术管理专家团队，掌握工程建设新技术信息，参加科技创新研究，确保标准化成果的执行和新技术的落地实施。公司激发各单位创新活力，依托劳模工作室、创新工作室开展技术创新，研究创新工法、专利、质量控制成果、工人创新奖等，解决电网建设中的“痛点”“难点”问题。

4. 抓成果转化应用

湖北公司及时学习掌握国网公司发布的新技术目录，定期提炼总结各级创新成果，推广应用先进技术。公司持续提升预制件标准化程度，积极牵头国网公司总部科技项目，将预制式 GIS（HGIS）基础、道路或电缆沟、第四代移动式伞形跨越架、第三代电动紧线机、导线自动压接机、间隔棒安装机器人等系列成果广泛应用于各电压等级工程，助力 e 基建 2.0 平台建设，牵头开展“技经专业”“档案电子化”专项工作，配合完成环保专业建设任务。

（五）精打细算控造价

湖北公司落实全生命周期成本最优理念，抓好初步设计评审、预算审核、过程管理、结算监督等全过程关键环节精细管控。公司加强设计评审管理，直属评审单位配齐各专业人员，建立两套固定的评审队伍，选择高水平评审项目经理，提高评审能力。公司严格执行“七不审”要求，严格执行设计文件回退制，客观公正进行设计质量评价。公司加强对评审单位考核，落实评审质量追溯制，对出现设计质量问题的事件，要倒查设计评审情况，对评审把关不到位的，要追究评审单位的责任。

1. 抓概预算源头管控

一是确保编审合理时间。编制工程建设进度计划时，要根据工程建设规模以及难易程度合理预留时间，明确施工图预算编制、审核时间；开工前完成对应的施工图预算编审，严禁平移初步设计代替施工图设计。

二是做实施工图预算源头管理。湖北公司将审定施工图、地质详勘报告等作为施工图预算编制的前置条件，全面应用综合单价法编制施工图预算，形成相应招标工程量清单和最高投标限价，从招标源头上做好规范化管理和成本精益化管控。

三是加强“两版”施工图预算管理。湖北公司对所有新开工工程及时完成建筑安全和全口径两版施工图预算的编审，分别形成相应的预算和评审意见。施工招标前完成建筑安全版预算，工程开工前完成全口径版预算，相关资料及时上传至基建全过程平台。

2. 抓结算质效提升

一是推进分部结算管理。对工期超过 1 年、前期条件或建设环境复杂的工程，湖北公司充分利用基建全过程平台技经模块分部结算管理微应用功能，全面落实分部结算管理，按照工序节点方式落地见效，实现“工完、量清、价准”。

二是落实结算管理职责。湖北公司强化业主项目部初审、建设管理单位审核、湖北经研院复核、公司审批的工程结算管理“四道防线”，厘清工作职责、分工界面，防止出现“高估冒算、跑冒滴漏”情况。

三是加强结算时限管理。湖北公司严格落实主体责任，强化造价资料过程归集，在工程结算审批完成后 7 日内将结算资料及时移交财务部门，确保结算精准，确保按期完成移交率达到 100%。另外，公司建立预警机制，及时协调推进。

3. 抓造价标准化建设

一是推进现场造价标准化建设。湖北公司严格执行“两个手册”（基建技经管理标准化手册、现场造价交底标准化手册），强化三个项目部造价交底、变更签证审批、造价资料归集等关键环节规范化管理，实现人员到岗、职责到位。

二是落实三个项目部标准化管理要求。参建单位配齐现场管理人员，强化责任落实和专业协同。三个项目部造价人员及时针对造价管理问题提出专业意见，保证工程现场“量、价、费”管控到位。

三是加强工程现场“三量”核查。湖北公司全面执行关于加强输变电工程设计施工结算“三量”核查的意见，规范“三量”核查过程管控，及时按建设进度确认已完成合格工程量，提高工程结算质效。

4. 抓造价规范化管理

一是强化造价管理监督检查。湖北公司强化“3 个 5 天”整改时限的刚性要求，做到问题及时整改到位。公司专门问询被检单位问题整改、责任追究与长效机制建立情况，确保闭环；做好农民工工资、中小企业账款支付等工作；相关单位落实责任主体与工作要求，每项工程落实代付制、实名制、电子化等制度规范，强化现场合同管理、分包管理、结算管理等管理制度，增强风险防范意识，确保依法依规、及时足额支付、“零拖欠”。

二是开展工程量清单模块化研究与应用。结合国网公司新版工程量清单计价规范以及新版通用设计，湖北公司编制湖北地区典型方案工程量标准参考值，提高招标清单和限价编审工作质效，推动工程造价“标准化 + 差异化”动态管理。

（六）精心培育强队伍

湖北公司落实“以人为本”理念，尊重人才、培养人才，加强专业领导、专业人才培养选拔力度，形成良好氛围。

1. 抓政治建设

一是加强输变电工程党建标准化建设。湖北公司严格执行“三同时”（与项目部同时成立、同时建设、同时履职）管理，丰富“属地结对共建”“安全质量责任区”等活动载体，以一流党建促进“六精”管理要求落地。

二是打造湖北“党建 + 基建”融合特色品牌。湖北公司充分发挥全体干部员工干事创业热情，动员引导关键少数在重点工程、重要工序、关键节点率先垂范，靠前履责。公司加强基建先进典型选树，突出示范引领作用，实现“双促进、双提升”。

2. 抓能力建设

一是深化基建队伍改革发展和管理提升。湖北公司加快湖北送变电公司改革发展，以项目直营管理模式改革为核心，推进深化机械化施工等措施落地见效，切实提升施工企业本质安全水平；推进建管、监理、设计单位管理提升，强化基建核心能力建设；深化湖北经研院技术支撑，提升设计评审和基建技术支撑能力，打造电网建设“智库”。

二是强化竞赛交流。湖北公司开展现代智慧标杆工地、输变电标杆工程评选，评比管理核心要求落实，评比工程全要素创新，营造创先争优氛围，推动队伍能力提升。

3. 抓梯队建设

一是培育队伍人才。围绕公司“3+1”人才体系建设总体布局，湖北公司启动基建专业三类五级人才培育工程，搭建专业调考、综合培训、劳动竞赛、工匠评比等平台，加强技能、技术、专业管理三类人才梯队建设。

二是优化队伍结构。湖北公司协同人力资源等相关部门，结合基建专业管理需要，完善人员聘用、培养、考核和激励机制，提高队伍建设专业资格人才和专家人才当量密度，优化一线骨干人员年龄结构。

4. 抓文化建设

一是抓好队伍形象塑造。湖北公司开展形式多样、内容丰富的文化活动，加强基建先进典型选树和先进事迹宣传，总结提炼基建人吃苦耐劳、乐于奉献、自觉担当、敢于战斗、敢于争先、能打胜仗等精神内涵，提升号召力和影响力。

二是强化基建文化建设。湖北公司传承“特别能战斗、特别能吃苦、特别能奉献”的基建文化，在急难险重任务中敢打赢仗、能打胜仗、勇于争先，做好先进事迹宣传，不断提升“鄂电铁军”感召力和影响力。

二、推进以“四化”为基本特征的高质量建设

（一）持续深化电网建设标准化

1. 严格执行最新版通用设计通用设备应用要求

因建设条件限制，当不能采用通用设计通用设备时，须请示汇报同意后

方可开展初步设计。根据“国网公司输变电工程通用设计通用设备应用目录（2022年版）”，湖北公司开展35 ~ 220千伏变电站施工图的编制工作，开展湖北地区35 ~ 220千伏中重冰区杆塔通用设计编制工作。

2. 抓标准工艺应用落地

湖北公司严格执行标准工艺，建立以建设管理单位为主体的推广应用机制，各单位结合在建工程现场滚动打造标准工艺实训基地，各项目建立标准工艺实体样板，打造标准工艺应用“样板间”，均衡提升各电压等级工程标准工艺应用实效。

（二）全面推进电网建设绿色化

湖北公司在电网建设项目践行全过程绿色发展理念，落实环境保护、水土保持要求，应用绿色建造技术，有效降低资源消耗和环境影响，助力“双碳”目标落地实施，实现电网建设综合效益最大化。

1. 抓理念变革

湖北公司全面落实循环经济“减量化、再利用、再循环”原则，在电网建设项目践行全过程绿色发展理念，落实国网公司绿色建造指导意见及绿色建造指引要求，响应环境保护、水土保持工作要求，有效降低资源消耗和环境影响，全面助力“双碳”目标落地实施，实现电网建设综合效益最大化。

2. 抓建设实施

湖北公司推广绿色环保设计技术，积极应用节能导线、高强钢、岩石锚杆基础、预制微型桩基础、索道运输等技术。公司依法合规推进无障碍化施工，提升资源保护和利用效率；推进传统施工工艺绿色升级革新，提升施工全流程碳减排量；应用数字化手段实时监测绿色施工指标参数，持续改进提升绿色施工水平。

3. 抓绿色评价

湖北公司加强动态检查评估，确保工程建设满足绿色建造、环境保护、水土保持要求。公司按照绿色移交标准全面提供工程实体及数字化成果移交，将绿色评价纳入输变电工程达标投产评价，持续提升输变电工程绿色建造评价合格率和各单位的绿色优质达标率。

（三）创新推进电网建设机械化

湖北公司应用现代智能建造技术，健全现代装配施工新模式，进一步提升设备的集成度、构筑物预制率，提升线路机械化施工率，提升工程建设安全质量水平和效率效益。

1. 抓技术提升

湖北公司深化模块化建设技术研究，持续提高设备集成度、建筑物装配率、预制件标准化程度。公司牵头国网公司总部科技项目“35~750 千伏变电站建筑物及基础装配性能提升技术研究”，开展变电站地下建筑物的装配式的研究；牵头国网公司总部科技项目“220 千伏 GIS 双断口隔离开关研发和不停电扩建技术研究”，实现 110 千伏 GIS 不停电扩建功能，形成完整 GIS 模块化建设标准体系；依托工程开展电缆排管通道的装配式建设技术。

2. 抓推广实施

湖北公司以成果转化为重点，遵循“理论研究、试点验证、推广应用、标准规范”模式，推进科技成果转化为生产力。公司全面推广牵头研发的模块化施工电源、户内 GIS 移动式防尘棚、移动式跨越架等国网公司重大施工装备创新项目成果；开展 35 千伏预制舱式变电站应用，推进模块化建设；深化绿色杆塔的研究与应用，积极应用高性能纤维复合材料等高强度、高耐久建筑材料。

3. 抓机械化施工

一是深化课题攻关。湖北公司依托工程开展智能便携式紧线机、半自动压接及自动检测装置的迭代升级，攻克高空机械化作业的难题；深化研究智能走板和通信自组网系统，实现放线过程的智能化；结合落地双平臂抱杆技术研究成果，研制轻型落地抱杆。公司推广应用预制微型桩基础、索道运输等施工新技术；积极开展工法创新活动，力争移动式跨越架施工等工法入选“国网公司工法创新成果目录”。

二是深化装备管理。湖北公司融合“e 装备”平台功能，整合各施工单位装备资源，打造施工装备租赁市场，提高装备利用率。

三是深化机械化施工。湖北公司按照“宜用尽用、能用必用”原则，优化设计施工方案，推广应用机械化成孔、落地抱杆及吊车组塔等安全性更高的机械化作业方式，新开工工程超过 5 米的深基坑避免采用人工挖孔形式。公司持续推广应用集控智能可视化牵张放线等新装备、新技术、新工法；加大机械化装备购置、改造力度，结合机械化施工工法培育、组建机械化班组。

（四）大力推进电网建设智能化

1. 抓技术引领和数字设计

湖北公司对 35 千伏及以上新建变电站和新建线路全面应用三维设计和数字化移交；对 20 千米以上、110 千伏及以上架空线路采用数字航拍技术进行线路方案选择、优化及三维设计；编制湖北地区地质分布图，指导工程基础选型和机械化施工方案编制；开展人工智能施工装备的研究，研发间隔棒安装机器人，实现线路间隔棒自动安装；研发移动式跨越架智能控制系统，实现智能程序控制。

2. 抓智慧赋能

一是做好平台建设应用。湖北公司全面应用基建平台，做好平台功能优化，开展平台实用化管理功能开发及上线，实现数据共享共用、自动统计分析等功能，推动数字化管理体系高效运转。公司持续深化基建平台与其他专业平台的数据融合，压降现场重复填报数据。

二是做好现场数字化管控。湖北公司优化完善人员轨迹 App 功能，深化应用，做到“全员覆盖、不漏一人”，实现精准管控。公司落实感知层建设指导意见和技术规范，因地制宜推进智慧工地建设，建设一批基建数字化班组，依托数字化手段提升现场管理穿透力。

三是探索数字化新技术。湖北公司开展三维设计数字化移交，实现集中管理、三维可视化、共享服务，打造基建工程数字孪生体系。

第五节　工 作 要 求

实施“六精四化”三年行动计划，是湖北公司电网建设高质量发展的保障，是推动公司基建专业工作再上新台阶的重要举措。

一、强化组织领导

各单位要成立基建分管领导牵头的专项组织机构，精细化制定实施计划，各部门协同配合，以务实的工作作风纵深推进实施方案落地。

二、加强过程管控

各单位要结合公司实施方案和本单位实施计划，坚持关口前移，跟踪督办重点工作，持续做好改进提升，保证各项工作稳步推进。公司有关部门和各单位要深度参与研究和实践，强化服务意识，及时解决一线难点问题，推动各项工作取得实效。

三、高质量完成任务

各单位要把基建“六精四化”三年行动作为基建重点工作要求，把握工作节奏，做好各阶段总结提炼，高质量完成三年目标任务。公司建设部将会同相关部门对各单位三年行动落地实施情况进行过程跟踪、量化评价，结果纳入同业对标和业务考核。

第五章

湖北公司“六精四化”创新实践

第一节　战略引领方面

根据《国家电网有限公司关于印发基建“六精四化”三年行动计划的通知》统一部署，湖北公司编制《国网湖北省电力有限公司基建“六精四化”三年行动实施方案》，科学组织、细化分解各项任务，建立明确“六精四化”落地配套措施，并有效实施。公司建立同业对标、企业负责人考核等工作评价、考核和通报机制，组织开展“六精四化”实施成效自评，推动“六精四化”体系正常运转。

第二节　基础支撑方面

在抽取武汉、黄石等2家地市公司核实后，2家公司建设、监理、施工、设计等4家单位均结合自身定位，制定“六精四化”配套落实细化措施，将“六精四化”管理要求融入工程项目全过程。各层各级均按照“六精四化”管理要求，建立对应考核激励机制。同时湖北公司2022年开展国网公司级和省公司区域级标杆工地、标杆工程创建策划及过程检查，随州广水凤凰220千伏变电站工程、武汉1000千伏变电站配套500千伏送出线路工程获评2022年国网公司级现代智慧标杆工地，黄州中环110千伏变电站工程、咸宁咸安沿河110千伏变电站工程、襄阳襄城观音阁220千伏变电站工程获评2022年区域级现代智慧标杆工地。

第三节　精益运转方面

一、专业管理领域——安全方面

1. 三个体系建设

湖北公司在公司、参建单位、项目部、作业层班组四层级建立健全安全责任体系，并有效运转。公司全面深化电网建设安全责任50条意见，全面落实安全攻坚30项硬措施，提出具体落实措施，并监督参建单位、现场一线落地执行。公司现场抽查5个项目，均对三级及以上风险作业、中高风险工程开展日常监督，同步重点抓实日常监督，确保覆盖每项工程、每项风险。

2. 安全精益管理

湖北公司持续开展“日一本账”梳理工作，并常态化开展作业层班组安全能力评估工作。公司深化建设管理部门挂点制度，把作业层班组、项目部、参建单位和各流程管理链条的责任落到实处，巩固作业单元管控长效机制。

3. 全过程风险管控

湖北公司严格建立各阶段风险管控措施，做好“三措一案”落实，重点加强半站改造、人工挖孔、索道运输、悬浮抱杆组塔、邻近带电体施工等高风险作业的监督检查，实行风险销号管理，确保每项作业风险受控。

二、专业管理领域——质量方面

1. 质量管控效能

湖北公司建立设计、建设、物资、运行等各方协同的质量策划工作机制，落实质量策划向项目前期、工程前期延伸，涵盖质量事件压降、工程创优、绿色建造工作要求。公司严格开展2022年质量检测7项频发问题专项治理，在25项质量关键环节管控基础上，公司建立相应机制，对2022年检查出的7类突出问题进行重点检查，每季度对管控效果进行分析，动态调整管控重点。所抽查的5项工程中，公司严格执行“五必检六必验”（五必检：①铁塔组立或建筑物主体结构施工前，基础混凝土强度必须进行第三方质量检测，且符合设计强度要求；②线路架线前，地脚螺栓和铁塔螺栓紧固必须进行质量检测，且符合设计紧固力矩和防松、防卸要求；③导地线压接必须进行质量检测，且符合技术标准和公司反事故措施要求；④设备材料接收前，必须进行进场质量检测，且符合物资供货合同和技术标准要求；⑤电气设备、电缆接头安装前，作业环境必须进行检测，且符合技术标准和施工方案要求；必须布设视频监控终端，实现作业行为远程监测。六必验：①甲供物资进场时，总监理工程师必须组织"五方"联合验收，合格后方可签证接收；②线路基础、杆塔转序时，总监理工程必须组织分部工程验收，合格后方可转入组塔、架线阶段；③变电土建转序时，建设单位必须组织交接验收，合格后方可转入电气安装阶段；④电气设备内部检查时，专业监理工程师必须组织隐蔽工程验收，合格后方可进行设备封盖；⑤电气设备带电前，建设单位必须组织验收，逐项核查交接试验情况，全部合格后方可开展系统调试。⑥消防设施施工完毕且经建设单位自检合格后，必须报政府主管部门消防验收（备案抽查），收到验收合格意见（备案凭证）后，方可开展启动验收）施工质量强制措施，推动工程标准化开工、标准化转序、标准化验收。对每项工程，公司均执行工程质量终身责任书面承诺制，严格控制施工过程质量，明确关键部位和环节、重要隐蔽工程的质量责任人，落实施工记录和验收资料管理，实施施工过程质量责任标识。同时，公司对装配式部品部件实施驻厂监造，对影响结构安全、影响设备安全稳定运行的设备材料，实施全链条追溯，开展装配式构件质量进场验收。

2. 打造优质工程

湖北公司结合输变电优质工程管理指导手册等最新要求，完善各单位层级创优工作机制。公司落实《质量强国建设纲要》要求，积极试点打造本地区的质量管理标准化示范工程。

三、专业管理领域——进度方面

1. 计划执行管控

湖北公司按照工程建设计划，合理配置建设资源，持续用好月度、季度任务完成预测分析机制，科学预判开工投产时间，超前开展预警、及时纠偏，顺利完成三金潭变配电装置改造等多项重点工程。公司强化建设与发展、财务、设备、物资、调度等专业协同，围绕“两个前期”一体化管理思路，推进“两个前期”回退机制，协调完成各项重点工作任务。公司深化e基建2.0运用，推动实现进度自动采集，准确掌握各项工程的实施进度。

2. 工程前期管理

湖北公司定期组织依法合规现场检查，重点检查基本建设程序、设计施工监理招标、标准化开工、履约评价等关键环节，制度标准落实情况。

四、专业管理领域——技术方面

1. 差异化设计

湖北公司建立并完善各单位差异化设计管控要点并发布运用、动态更新，因地制宜、因网制宜开展差异化设计。

2. 严控设计变更

湖北公司开展全口径设计变更统计，细化成因分析，制定相应措施。

3. 严格考核评价

湖北公司开展设计质量监督检查、设计质量评价考核工作；强化设计考核结果运用，明确评价结果与设计费及承包商履约评价挂钩。

4. 夯实技术管理基础

湖北公司与相关部门、基建各专业队伍建立定期沟通协调、专业协同配合机制，开展技术监督检查，并落实相关成效评价。

五、专业管理领域——造价方面

1. 初步设计审批规范

湖北公司对照《输变电工程初步设计评审单位能力评价细则》和2022年度评审能力评价结果，建立并常态化执行评审项目经理机制，落实设计文件回退制、评审质量追溯制。同时，严格履行概算调整专项评审和批复程序，确保合理、合规。所抽查5项工程均根据年度评审计划，做实可行性研究核准等前期条件，评审计划执行准确；开展工程关键现场勘验、实测实量，提升评审质量；规范并统筹协调好设备、调控、信通等各专业队伍意见，正式评审前达成一致，优化设备选型、布局方案、投资费用，落实全生命周期成本最优理念。

2. 强化规范引领

2022年，湖北公司开展了一次全覆盖的造价检查工作。公司做好农民工工资、中小企业账款支付等工作，落实责任主体与工作要求，每项工程落实代付制、实名制、电子化等制度规范，强化现场合同管理、分包管理、结算管理等管理制度，增强风险防范意识，确保依法依规、及时足额支付、“零拖欠”。公司深化造价质量管理约谈，严格合同执行，规范约谈工作，用好约谈成果，将相关规章制度纳入设计单位履约能力评价。

六、专业管理领域——队伍方面

1. 党的建设

国网公司潘敬东副总经理在湖北公司基层党建联系点现场讲授党课，宣讲党的二十大精神。公司组织“‘党建＋基建’赋能打造‘六精四化’工程”“党建＋特高压建设”“党建＋物资”等主题活动，抓细抓实基建项目现场临时党组织标准化建设，组建46个现场临时党支部，动员引领党员在攻坚关键环节靠前履责，为工程建设赋能注入新动力。

2. 基建人才培养

湖北公司分层分级组织开展基建各专业业务培训、输变电工程技能竞赛、实操练兵等活动。公司9名专家入选基建专业高级专家人才库，推荐多名骨干人才开展“跨单位、跨部门、跨岗位”交流实践活动。

3. 专家队伍建设

湖北公司强化专家团队建设，积极参与基建首席专家评选和年度考核，建立公司基建安全质量、计划管理等多个专业专家人才库。其中，专家人才库中 1 人当选国网公司首席专家，4 人入选湖北公司领军人才。

七、工程建造领域——标准化

湖北公司强化技术专业管控，深化基建技术队伍建设，成立公司技术管理专家团队，掌握工程建设新技术信息，积极开展创新研究，确保标准化成果的执行和新技术的落地实施。公司出台 35 ~ 500 千伏输变电工程差异化设计管控要点，因地制宜推进重点管控区域标准化设计，完成中重冰区杆塔通用设计技术导则，整合 14 个地市的地质分布情况，编制全省地质分布图；全面提升评审能力，组织印发评审标准化手册，总结基建专业深度介入可行性研究评审重点关注要点，更新设计常见问题清册和典型案例库，规范全过程设计评审。

八、工程建造领域——绿色化

湖北公司在电网建设项目践行全过程绿色发展理念，应用绿色建造技术，宣贯绿色设计理念，将“绿色化”作为设计优化重点内容，在评审中重点关注绿色策划专题章节。公司全面应用节能材料与设备，2022 年至 2023 年 8 月，63 项工程应用节能导线 11095 吨，降低电能损耗 2030 万千瓦时；85 项工程应用高强钢，节约钢材用量 4320 吨。公司研发 220 千伏 GIS 双断口隔离开关、10 千伏纵旋开关柜、中压相控断路器、并联型直流电源等新技术，从小型化、系列化、绿色化方向持续发力，填补技术空白。

九、工程建造领域——机械化

湖北公司按照“应用尽用、用则用好”原则，做实机械化施工专题策划，加大装备投入和创新力度，整体机械化率提升至 85%，间隔棒安装机器人等

4项创新成果得到实践和推广。公司加快装配式技术革新，固化“零米以上”全装配式建设模式，推广预制式基础、电缆沟、道路等“零米以下”装配式技术，2023年新建变电站工程装配率达到95.3%；依托国网湖北省电力有限公司电力科学研究院（以下简称“湖北电科院”）成立机械化施工技术创新中心，集结各单位力量组建机械化施工专家团队（分为设计组、模块化建设组和机械化施工装备组三个专家组），整合资源、加强协同。公司编制机械化施工三年行动计划，明确机械化率目标，确定9项示范工程及推广应用的机械化施工技术成果。

十、工程建造领域——智能化

湖北公司全面应用基建平台，做好平台功能优化，开展平台实用化管理功能开发及上线，实现数据共享共用、自动统计分析等功能，推动数字化管理体系高效运转。公司持续深化基建平台与其他专业平台的数据融合，压降现场重复填报数据；优化完善人员轨迹App功能，加强深化应用，做到“全员覆盖、不漏一人”，实现精准管控；落实感知层建设指导意见和技术规范，因地制宜推进智慧工地建设，建设一批基建数字化班组，依托数字化手段提升现场管理穿透力；开展三维设计数字化移交，实现集中管理、三维可视化、共享服务，打造基建工程数字孪生体系。

第四节　创新提升方面

一、体系创新

湖北公司2022年开展国网公司和省公司级标杆工地、标杆工程创建策划及过程检查，随州广水凤凰220千伏变电站工程、武汉1000千伏变电站配套500千伏送出线路工程获评2022年国网公司级现代智慧标杆工地，黄州中环110千伏变电站工程、咸宁咸安沿河110千伏变电站工程、襄阳襄城观音阁 220 千伏变电站工程获评 2022 年区域级现代智慧标杆工地。此外，6 项典型经验成果入选国网公司动态展示，“基于人员轨迹的基建现场安全数字化管控模式创新与实践”获得湖北省管理创新二等奖。

二、技术创新

湖北公司移动式跨越架、装配式电缆沟技术实现创新成果转化，并在国网公司系统内部推广应用。

三、工法创新

湖北公司加快应用车载移动式跨越架、抱杆轻小型化、集中智能可视化牵张放线等创新工法，8 项成果入选国网公司基建新技术推广目录。

四、绿色引领

湖北公司组织推进输变电工程绿色建造评价，在中电建协组织绿色建造评价活动中，孝感毛陈220千伏变电站工程荣获绿色建造“二星”工程，编钟—仙女山500千伏线路工程、宜昌东风坝110千伏变电站工程荣获绿色建造“一星”工程。

五、精益造价

湖北公司应用大数据、智能化等新技术，积极开展数字化编审、工程自动算量等管理创新和技术创新。

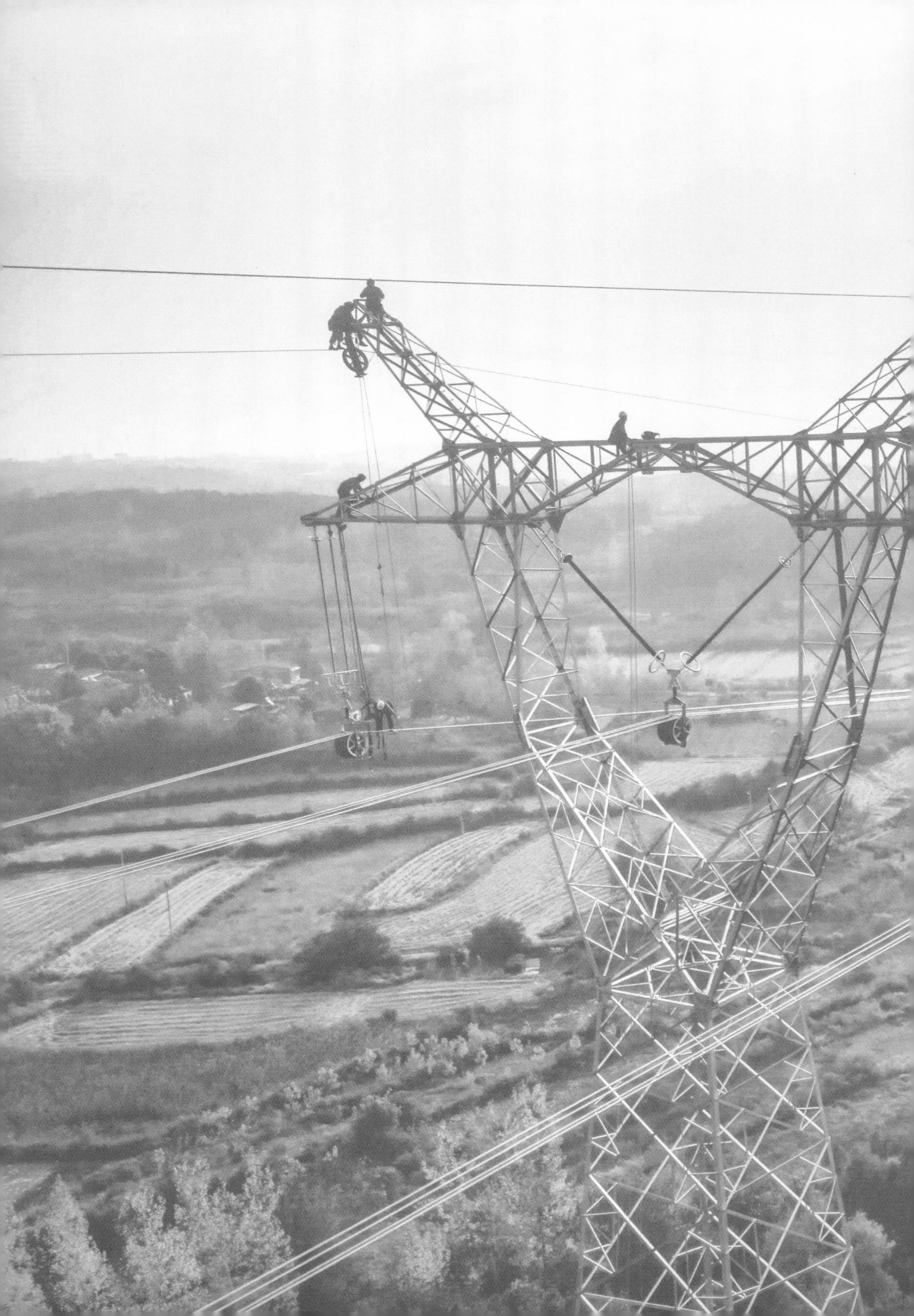

第六章

湖北公司“六精四化”工作成效

第一节　工作亮点之“六精”

一、精益求精抓安全

湖北公司落实“精益求精抓安全”要求，聚焦“五个强化”。

1. 强化安全责任落实

湖北公司健全“点线面体”全方位的网格化安全体系，做实两级管控。应用 e 基建 2.0、视频监控等方式远程管控班组作业过程、管理人员到岗履职情况，确保现场有人管、管得住。深化公司建设部挂点制度，重点强化公司责任落实，把作业层班组、项目部、参建单位、公司整个管理链条的责任落到实处，切实防止作业单元失控。

2. 强化“两个标准化”建设

湖北公司强化作业层班组标准化建设，启动作业层班组三年行动计划，开展基建工程专项培训，建立正规化、专业化、职业化的作业层班组队伍，从源头上把住准入关。公司落实作业现场标准化要求，扎实开展作业现场标准化管理提升专项行动，深化应用线路和变电“一图三表”安全技术要点。

3. 强化现场安全管控

湖北公司全面强化现场人员管控，推动人员实名制管控全面落地，精准管控每一位现场人员。公司完善具有高穿透力的特高压工程安全管控体系，进一步强化特高压工程现场施工、监理力量，加强人员配置，建立具备硬核安全的管控体系，保证特高压工程建设安全稳定。

4. 强化全过程风险管控

湖北公司实施工程建设全过程风险管控，在工程前期阶段压降风险、建立清单，在工程建设阶段精益管控、逐项销号，在总结评价阶段评定成效、严格管控，同时抓好预判分析、日常管控、防灾避险工作及创新工法应用，确保施工安全风险全面受控。

5. 强化安全效能提升

湖北公司从安全制度、安全文化、工法创新、管理创新、人员能力等基础管理方面，总结固化近年来安全管理成果。公司深化“年策划、季分析、月排查、周计划、日管控”闭环工作机制，强化值班管控、在建工程梳理、班组标准化建设等工作的一体化运作，不断推进安全管理“标本兼治”。

二、精雕细刻提质量

湖北公司落实“精雕细刻提质量”要求，聚焦“一个完善、四个强化”。

1. 完善基建质量管理体系

湖北公司按照“凡事有人负责、凡事有章可循”的要求，做实项目部、作业层班组两级管理，强化人力、技术、装备三个支撑，各工程参建单位完善量化考核、质量奖惩、激励约束三个机制，推进质量管理体系在工程项目中的有效运转。

2. 强化建设过程质量管控

湖北公司抓“五关”管控，持续健全涵盖质量管理“策划关”、质量检测“入口关”、视频管控“过程关”、质量验收“出口关”和达标投产“考核关”的全过程质量管控机制。

3. 强化设备关键环节质量管控

湖北公司加强设备进场验收，监督落实设备材料开箱、接收、保管、转运、退货等管理制度，完善开箱检查、验收过程签证。公司加强施工现场各专业队伍的有序协作，明晰设备进场、附件安装、GIS 母线连接的责任制度。

4. 强化特高压工程建设质量管控

湖北公司将特高压工程建设质量管控全面纳入公司基建质量管理体系，从设计、设备、施工和试验源头补短板，提升主设备关键区域安全性设计以及关键组部件设计安全裕度，提升各类设备、材料及辅助系统的关键性能指标和试验检测标准，确保特高压工程高质量建设。

5. 强化优质工程示范引领

湖北公司按照“申报一批、建设一批、策划一批”的原则统筹开展优质工程创建，强化优质工程样板示范引领，打造“国优奖”创新样板、“鲁班奖”匠心样板、“金银奖”示范样板、“水土保持示范工程”样板，均衡提升各区域、各单位、各电压等级工程建设质量。

三、精准管控保进度

湖北公司以全过程计划管控为主线，聚焦“两个深化、一个推进”。

1. 深化进度计划精益管控

湖北公司深化计划统筹，以全过程计划管理为主线，通过计划管理把握基建工作节奏，强化协同联动，优化建设资源配置，平衡施工风险和电网风险，保障项目推进秩序。公司科学制定电网建设进度计划，充分考虑安全文明施工、质量工艺管控、三维设计应用等专业管理承载力，合理安排年度基建投资任务。公司落实“依法开工、有序推进、均衡投产”要求，做好关键路径策划和各类资源保障，超前预判影响进度的内外部因素，提前协调统筹，及早排除风险。公司着力推行进度计划智能决策分析，应用数字化手段加强计划执行过程管控，智能编制进度计划，实现进度智能分析、决策辅助和闭环管控。

2. 深化计划管控机制

湖北公司深化“两个前期”运作机制，提前深度参与项目前期，推进可行性研究初步设计深度融合，做好“两个前期”工作交接；深化工程建设“一口对外”协调机制，统筹公司各专业资源和属地优势，推动地方政府出台“容缺办理”“先备案后办理”等支持性政策，改善电网建设外部环境，联动解决电网建设难题。

3. 着力推进重点工程分级分类管理机制

湖北公司坚持重点工程重点管理，形成公司、建设管理单位两级重点关注项目清单，对重点工程实行差异化分级管控、分类跟踪和分层协调管理，确保按时优质高效完成建设任务。

一是着力推进特高压电网工程建设。公司加强组织协调，加强省市县三级建设协调联动，深化各专业领域、各种资源向特高压电网工程建设聚焦。

二是压实属地责任。公司持续开展特高压线路通道攻坚，按照“属地化、责任化”思路整合人力资源，市县公司成立协调专班，明确各级协调职能。

三是积极争取政府对特高压电网工程建设的支持。公司与湖北省发展和改革委员会等部门建立协调机制，强化政企联动推进工程建设，将特高压电网工程建设纳入省市县重点工程，协调自然资源、林业、城建等部门主动服务，加快办理各项审批手续。

四、精耕细作抓技术

湖北公司以新型电力系统建设需求为导向，着力“四个深化”。

1. 深化管理创新机制

湖北公司加强各级单位专职技术管理人员配置，确保公司技术管理要求落实到工程项目中。公司创新技术管控机制，以落实技术标准规范、推广成熟技术应用、推进新技术研究为重点，加强工程设计、施工关键环节技术管控。

2. 深化技术创新机制

湖北公司以创新创效为目标，统筹依托电网建设开展的各类科研、技术活动，实现技术功能、参数迭代提升，定期总结研判技术价值，推动科技成果转化为生产力。

3. 深化电网建设关键技术研究

湖北公司开展变电站装配式技术研究，全面加大变电站装配式建设技术研究力度，完善提升预制舱、装配式建筑物技术性能，拓展装配式构筑物研究范围。公司积极开展施工技术和施工装备创新，提高现场机械化施工水平，减少人工作业，降低作业风险。公司强化三维设计技术创新，发挥三维设计技术优势，规范电网设计、建设过程业务数据，积极推动基建—生产数字化平台对接移交。公司以提升设计质量和效率为导向，全面提高输变电工程三维设计应用深度和精细化程度。

4. 深化电网建设新技术成果转化

湖北公司以成果转化和工程应用为主线，开展创新研发和工程实践，提升公司电网建设技术水平和管理效能。公司及时学习掌握国网公司发布的新技术目录，定期提炼总结各级创新成果，推广应用先进适用技术。公司应用山区索道运输，减少林木砍伐；应用预制微型桩基础，减少弃土和余土外运，实现线路基础模块化建设。

五、精打细算控造价

湖北公司助力电网建设提质增效，聚焦“一个坚持、三个提升”。

1. 坚持全过程精打细算控造价

一是深化源头控制管理。公司提前介入可行性研究阶段，做深做实设计、评审、招标等工程前期环节。

二是深化推进施工图预算管理。公司细化施工图预算计划管理，全面应用综合单价法编制施工图预算，强化提升编制审核质效。

三是全面实施分部结算管理。公司严格按照工程转序节点，及时确认工程建设已完成工程“量、价”，真正实现“工完、量清、价实”的目标。

四是加强结算高效精准管理。公司加强竣工图纸工程量、实际完工量与竣工结算量“三量”的核查，严格审查合同价款及费用调整，确保据实精准结算零误差。

2. 提升标准化管理水平

一是持续推进计价依据规范标准化。结合公司外部环境及建设实际，滚动修订相关实施细则，丰富标准体系内涵。

二是加强造价现场标准化管理。公司以现场造价管理标准化示范项目创建活动为抓手，进一步规范造价管理标准化要求，推动现场造价职责落地，确保职责到位，推进“量、价、费”现场管控到位。

3. 提升规范化管控水平

一是持续深化依法合规管理。公司深入贯彻“依法建设”理念，确保国家、行业标准或公司统一发布的制度及规定在工程建设全过程的落地执行，有效规避审计风险。

二是规范农民工工资支付与管理。公司执行国网公司“e 安全”系统应用要求，实现农民工工资支付电子化实名制、支付代发制，并督导施工单位制定保障农民工工资支付的实施细则，确保农民工工资及时足额支付。

三是强化长期挂账在建项目治理。公司持续开展滚动清理专项行动，定期通报专项清理情况，分析问题成因，总结清理成效，建立滚动清理长效机制，提升转增资产质效。

四是健全常态监督检查机制。公司强化工程结算监督，充实结算督查骨干团队，从“量、价、费”三个维度分专业深入核查结算质量，完善结算工作质量考核评价体系与激励机制，落实问题整改。

4. 提升管理创新应用水平

一是深入挖掘造价数据价值，深化过程造价数据管理，实现工程费用过程精准统计分析。

二是加快推进三维设计成果与造价数据的深度融合，实现自动提取相关工程量，提升概、预算编制质效。

三是积极创新电子化结算，变更签证线上办理，加快工程结算进度。

四是推进造价精益管理示范工程建设，提升质效，树立标杆，示范推广。

六、精心培育强队伍

湖北公司充分发挥党的建设领导独特优势，明确“一个确立、四个强化”。

1. 确立“党建”引领“基建”原则

湖北公司充分发挥党建示范带动作用，深入开展“党建 + 基建”活动，加强各级党支部建设，全面深化现场临时党支部标准化建设，凝聚干事创业精神。公司推行“党建 + 基建”工作标准化，推进临时支部标准化建设，推动党建与基建工作深度融合，把党的政治和组织优势转化为推动电网建设的强大动力。

2. 强化“四支队伍”梯队建设

湖北公司加大各级基建专业领导人员的培养选拔力度，提高专业素养、培育专业思维、掌握专业方法、塑造专业精神，鼓励引导基建专业领导人员到电网建设第一线、项目攻坚最前沿等艰苦吃劲岗位历练成长，着力构建梯次科学、结构合理的基建领导人员队伍，确保基业长青、后继有人。

3. 强化基建队伍专业能力

湖北公司完善培训体系，面向基建专业和高新技术，坚持管理和技术培训两手抓，打造“能管”“能干”过硬队伍，定向培养通信技术、特高压技术“特长生”。公司稳定产业工人队伍，围绕准入条件、技能鉴定、流动管控、权益保障等方面，全面加强核心分包队伍管控，整体提升湖北送变电公司发展定位。

4. 强化基建队伍能力评价监督

湖北公司持续完善基建队伍专业能力科学评价机制，深化“全程管控、实时评价、严格奖惩”的精准考核体系，完善制度保障，加强队伍评价结果应用，与项目招标评分、企业负责人考核、个人绩效等挂钩。

5. 强化特高压队伍能力建设

湖北公司做强做优特高压电网工程建管能力，进一步厘清中超监理公司管理职责范围，规范建设管理流程，强化业主项目部建设，提升对工程整体统筹和现场管控能力。公司带动施工监理企业共同发展，支持湖北送变电公司、鄂电监理公司、中超监理公司积极参与特高压电网工程建设，促进企业可持续健康发展，打造湖北电网建设品牌，为公司电网高质量发展提供优质保障。

第二节 工作亮点之“四化”

一、标准化建设

湖北公司始终坚持标准化建设，聚焦“两个提升、一个完善”。

1. 提升通用设计迭代能力

湖北公司根据新型电力系统建设、“双碳”目标要求，推进变电站通用设计优化，提高变电站新能源接入适应能力、建设运行节能环保水平；建立输电线路一体化通用设计成果体系，实现导地线、金具、杆塔、基础等线路通用设计各部分系统匹配、整体提升。

2. 提升标准工艺应用水平

湖北公司建立公司标准工艺推广应用机制，打造标准工艺应用“样板间”，建立标准工艺实训基地，确保其技术先进、经济合理、绿色低碳、操作简便、易于推广，均衡提升各电压等级工程标准工艺应用实效。

3. 完善计价标准配套应用

湖北公司建立动态、静态协同机制，跟踪人材机系数、设备材料价格等边界条件变化，及时迭代更新多维立体参考价；创新配套计价依据研究，应用标准化建设、模块化设计理念，持续深化通用造价，指导工程设计、设备选型、费用控制。

二、绿色化建设

湖北公司践行全过程绿色发展理念，聚焦“三个着力”。

1. 着力推进绿色设计

湖北公司落实工程全寿命周期成本最优理念，积极推进电网节能环保设计，广泛采用节能环保设备、材料，推动新型环保基础技术应用，推进综合能源利用，降低电网运行能耗；推广可循环利用建材、高强度高耐久建材、节水节能建材、节能环保设备等绿色产品。

2. 着力推进绿色施工

湖北公司推进绿色新技术落地应用，开展变电站光伏建筑一体化、复合横担试点应用，提升节能环保水平；依法合规推进无障碍化施工，全面落实循环经济“减量化、再利用、再循环”原则，提升资源保护和利用效率；推进传统施工工艺绿色升级革新，提升施工全流程碳减排量；应用数字化手段实时监测绿色施工关键指标参数，提升绿色施工水平。

3. 着力推进绿色评价

湖北公司建立输变电工程绿色评价体系，开展动态检查评估，加强工程实体及数字化成果绿色移交，确保工程建设满足绿色建造、环境保护、水土保持要求，持续提升输变电工程绿色优质达标率。

三、机械化建设

湖北公司应用现代智能建造技术，聚焦“一个加强、两个推进”。

1. 加强模块化技术提升

湖北公司围绕新型电力系统建设要求，重点开展变电站绿色低碳设计、运行状态智能感知等技术研究，推动二次系统更智能、建设运行更环保。

2. 全面推进模块化建设

湖北公司新建变电站全面实施模块化建设，深化标准化设计，推行工厂化批量生产、现场机械化装配，应用预制装配技术，采用高可靠性、少维护量的GIS、HGIS等集成设备，持续提高设备集成度、建筑物装配率、预制件标准化程度。

3. 大力推进机械化施工

湖北公司统筹全省机械化装备配置，积极开展施工技术创新，形成全过程覆盖、全地形适应、全天候可用的机械化施工技术，提升电网施工装备水平。公司完善机械化施工设计指导手册、机械化施工配套体系，从工程可行性研究、设计、施工招标、开工前、施工、结算6个阶段制定切实可行的措施，全面提升机械化施工水平。公司组织大型机械化施工现场推广会、现场观摩会，以新技术、新装备、新工法全面实现机械化施工三年提升目标。

四、智能化建设

湖北公司应用数字技术赋智赋能，聚焦“两个推进、两个加强”。

1. 推进数字化平台应用

湖北公司聚焦“实用、稳定、互动、安全”原则，深度参与e基建2.0建设，牵头做好技经专业和工程档案电子化交付的顶层设计。公司全力推进e基建2.0全面应用，提升基建全过程的标准化、程序化、可视化水平，提高业务管控的数字化、自动化和智能化能力，助力电网高质量建设。

2. 推进现代智慧工地建设

湖北公司积极开展现代“智慧建造”创新探索，聚焦“人、机、料、法、环”关键要素，因地制宜推进智慧工地建设，开展人员状态自动感知、施工装备智能化改造、施工现场智能识别等专题攻关，提升现场数据自动采集、状态自动感知能力，推动工程建造方式、现场管理形式、装备运营模式实现新突破。

3. 加强现场智能化管控

湖北公司全面应用e基建2.0和人员轨迹App，加强作业计划和风险管理，推进现场智能摄像头等“无感式”管理方式应用，提高现场管理对人员履职、施工行为、作业环境等安全管控水平。公司结合人员轨迹App中作业人员行为，建立健全作业队伍的安全资信数据库，为作业人员、队伍“精准画像”，实现对分包队伍的精准管控。

4. 加强数字设计技术研究

湖北公司开展地质分布图绘制工作，研究勘测数据智能化处理，有效展现地质特征和地质环境，为工程设计及管理提供参考依据。公司深化三维设计技术在工程建设中的应用，以三维数字化模型为载体，开展工程自动算量、进度智能管控、施工模拟优化等场景的融合研究。

2022年，湖北公司8项新技术成果入选“国家电网有限公司基建技术应用目录”，数量在国网公司系统排名第一。2022—2023年编制技术标准，公司累计牵头3项，配合7项；申报国网公司总部科技项目，公司牵头4项，配合3项，创历史最好水平，其中，牵头的“输电线路张力架线高空作业机械化施工装备研究”已成功通过2023年第二批项目答辩。公司多项机械化施工成果受到国网公司总部关注和肯定，9项成果入选“国网公司输变电工程机械化施工技术成果汇编”，移动式伞形跨越架项目参与“国网公司基建部机械化施工直播论坛”，间隔棒安装机器人等4项成果参展国网公司机械化施工现场会，7篇文章入选《电力建设》杂志机械化施工专刊，数量在国网公司系统排名第一。

第三节　重点工作开展情况

一、强化技术专业管控

1. 建立健全技术工作机制

湖北公司深化基建技术队伍建设，成立技术管理专家团队，掌握工程建设新技术信息，积极开展创新研究，确保标准化成果的执行和新技术的落地实施；依托湖北电科院成立机械化施工技术创新中心，集结各单位力量组建机械化施工专家团队（分为设计组、模块化建设组和机械化施工装备组三个专家组），整合资源、加强协同；编制公司机械化施工三年行动计划，明确机械化率目标，确定 9 项示范工程及推广应用的机械化施工技术成果；积极支撑总部机械化施工研究，参与机械化施工技术管理办法、机械化施工应用率评价方法的修订以及机械化施工研究框架的编写。

2. 持续强化技术专业管理

湖北公司强化设计源头把关，作为组长单位，开展国网公司 220 千伏电压等级新型电力系统变电站通用设计修编；出台 35 ~ 500 千伏输变电工程差异化设计管控要点，因地制宜推进重点管控区域标准化设计，完成中重冰区杆塔通用设计技术导则，整合 14 个地市的地质分布情况，绘制全省地质分布图；全面提升评审能力，组织印发评审标准化手册，总结基建专业深度介入可行性研究评审重点关注要点，更新设计常见问题清册和典型案例库，规范全过程设计评审；搭建基建数字化管理平台，实现技术指标自动分析，提高评审结果准确性；牵头国网公司 7 家单位开展设计—施工（DB）总承包“项目 + 研究”试点工作，承担运作模式、方案比选与适用性研究子课题，工程建设质效有效提升。

3. 深入开展技术创新攻关

湖北公司以创新创效为目标，统筹依托电网建设开展的各类科研、技术活动，实现技术功能、参数迭代提升，推动科技成果转化为生产力。

二、着力提升工程建设水平

1. 全面推广绿色建造

湖北公司宣贯“绿色设计”理念，将“绿色化”作为设计优化重点内容，在评审中重点关注绿色策划专题章节。十堰琼台 35 千伏变电站入选国网城市变电站外观设计技术原则典型案例。公司全面应用节能材料与设备，2022年以来，63项工程应用节能导线11095吨，降低电能损耗2030万千瓦时；85项工程应用高强钢，节约钢材用量4320吨。公司重视声环境影响，赤壁500千伏变电站和舵落口220千伏变电站围墙加装隔音屏障，电抗器室设置减振支座，噪声降低38%。公司牵头研发220千伏GIS双断口隔离开关、10千伏纵旋开关柜、相控中压断路器、并联型直流电源等新技术，从小型化、系列化、绿色化方向持续发力，填补技术空白。

2. 稳步推进机械化施工

湖北公司推进施工装备研发，研发出智能牵引走板替代传统走板、电动紧线机替代手扳葫芦、双分裂导线间隔棒安装机器人代替人工作业，攻克高空机械化作业的难题；深化研究系留无人机和智能电源箱，保证夜间照明与施工电源稳定可靠；结合落地双平臂抱杆技术研究成果，研制轻型一体化落地式可移动抱杆，压降组塔风险。公司推进模块化成果应用，传承拓新变电站装配式建设优势领域，在变电站地上部分率先实现100%装配式建设的基础上，启动探索变电站地下部分装配式建设，成功应用预制枕托型电缆沟、预制式GIS基础。公司持续推进线路基础装配式建设，广泛应用预制微型桩基础、预制排管等技术，装配式建设达到领先水平。

三、锚定深化方向，推动“六精四化”走深走实

湖北公司以新技术创新和机械化施工为突破点，统筹安全、质量、效率、效益四个方面的关系，进一步深入理解“六精四化”的内在逻辑和核心要义，加快“六精四化”落地见效。

1. 加强“六精”专业协同

湖北公司严格落实“六精四化”三年行动实施方案，推进安全、质量、进度、技术、造价五个专业一体化管控，全方位发挥队伍建设的保障作用，把基建管理的统筹和融合贯穿于管理链条、嵌入到建设流程、落实到现场作业；做

实“两个标准化”管理，巩固作业现场标准化管理流程，严把现场人员准入关；推进技经精益化管理，定期发布概算编制细则，建立“日清月结”造价管理模式，出台结算复核标准化管理指导意见。2022 年以来，公司完成 214 项复核项目，节约资金 634.91 万元。

2. 加强“四化”手段突破

湖北公司锚定标准化、绿色化、机械化、智能化提升的发展方向，集中力量加快基建数字化转型步伐，为电网建设管理模式变革创造条件；牵头完成 e 基建 2.0 技经专业和数字化归档专项的顶层设计，配合完成环保专业顶层设计；采用“中台 + 应用”技术路线，构建管理决策、资源共享、项目管理、生态协同四位一体智慧平台，“电网建设智慧工地系统”获得国资委首届国企数字场景专业赛三等奖。公司深化数字成果应用，荆门高桥储能电站采用正向设计流程完成建模计算工作，优化施工工序，节约工期 12 天，节省造价 38 万元；武汉 1000 千伏变电站配套 500 千伏送出线路等 2 项工程获评国网级现代智慧标杆工地，3 项工程获得区域级现代智慧标杆工地，总成绩处于国网公司系统第一方阵。

第四节　重点项目情况

一、三峡近区优化 6 项工程投产

三峡近区电网结构优化工程是国网公司2022年三大电网改造工程之一，也是湖北省近年来规模最大、协同难度最高的电网改造工程，包括安福—江陵与宜都—兴隆 500 千伏线路对调、葛洲坝—双河 2 回 500 千伏线路增容改造、宜都—孱陵 500 千伏线路、安福 500 千伏变电站扩建、渔峡—宜都改接朝阳 500 千伏线路、孱陵 500 千伏变电站扩建等 6 项工程，合计建设变电容量 275 万千伏安，新建线路 126.35 千米，改造线路 128.8 千米。

2022 年 3 月 6 日凌晨 2 时 3 分，由湖北送变电公司承建的安福—江陵

与宜都—兴隆500千伏线路对调工程（宜江Ⅱ线线路施工、江陵和宜都换流站改造施工）宜江Ⅱ线送电调试工作结束，试验结果正确，线路及换流站相关二次设备一次送电成功，进入24小时试运行阶段。

3月9日11时37分，葛洲坝—双河1回500千伏线路恢复送电成功，标志着葛洲坝—双河2回500千伏线路增容改造工程顺利完工。

4月2日14时50分，宜都—孱陵500千伏线路工程送电，标志着经过将近一年半的施工，宜都—孱陵与渔峡改接500千伏线路施工完成建设。

4月8日15时51分，安福500千伏变电站1号主变压器一次充电成功，标志着安福500千伏变电站扩建工程顺利投运。

4月25日，渔峡—宜都改接朝阳500千伏线路工程顺利投产送电。

图6-1　葛洲坝—双河2回500千伏线路跨越铁路施工

图 6–2 宜都—孱陵 500 千伏线路跨越清江施工

图 6–3 安福 500 千伏变电站扩建工程

图 6-4　渔峡—宜都改接朝阳 500 千伏线路

图 6-5　渔峡—宜都改接朝阳 500 千伏线路施工

4 月 29 日，安福—兴隆 1 回 500 千伏线路送电成功，标志着三峡近区电网结构优化工程 6 项 500 千伏项目全部按计划投产送电，意味着三峡和葛洲坝的清洁电能将更加稳定地输送出去，鄂西清洁能源消纳能力也将进一步增强，川渝电网与华中电网双向输电能力可提升 200 万千瓦时，丰水期施州换流站直流送华中区能力提升 80 万千瓦时。

湖北公司建设部紧跟铁路建设节奏，奋力攻坚，为国家重点项目当好电力“先行官”，于 2020 年及时启动安九、黄黄、郑渝高速铁路在湖北境内共 9 座牵引站供电线路工程建设，历时 16 个月，建成 220 千伏输电线路 18 回，共 373.82 千米，为高速铁路全线通车提供坚实的电力保障，助力神农架等地区迈入高速铁路时代。

图 6-6　高速铁路配套供电工程

图 6-7　神农架高速铁路车站全景

图 6-8　郑渝高速铁路神农架牵引站外部供电线路施工

图 6-9 郑渝高速铁路南漳牵引站外部供电线路

二、基建领导深耕一线

湖北公司基建专业领导深耕一线，开展“电网建设安全管理提升研究”课题等调研工作，深入基层了解电网建设管理现状，明确形势任务，制定提升措施，强化电网建设管理质效。

图 6-10 潜江三休台 220 千伏变电站 110 千伏送出工程

图 6-11　江陵镇安寺—横沟 110 千伏线路改造工程

图 6-12　沿江高速铁路荆门西牵引站外部供电工程移动跨越架施工

第七章

湖北公司“六精四化”亮点创新

2022年以来，湖北公司各级围绕国网公司基建工作要求和公司决策部署，以电网高质量发展为主题，全面开启基建“六精四化”新征程，赋予基建专业管理、工程标准化建设新内涵，全面构建以“六精”为主要内涵的专业管理体系，精益求精抓安全、精雕细刻提质量、精准管控保进度、精耕细作抓技术、精打细算控造价、精心培育强队伍。

公司全力推进以“四化”为基本特征的高质量建设，以标准化为基础、绿色化为方向、机械化为方式、智能化为内涵，全面推进“价值追求更高、方式手段更新、质量效率更优”的高质量建设，推动电网向能源互联网转型升级，为全面推进“一体四翼”高质量发展贡献专业力量。

第一节　“六精”之精益求精抓安全

湖北公司坚持强基固本、标本兼治、综合施策，将安全管理要求落实到每一个现场、每一位作业人员，从源头上防范化解重大安全风险，不断提升基建本质安全水平。

一、襄阳公司多措施并举保障基建现场安全稳定

1. 持续推进“两个标准化”管理

在班组标准化方面，襄阳公司以“班组建设年”活动为契机，落实作业层班组骨干选拔、培训和考核，强化核心分包队伍、人员培育和管控，建立安全能力评估长效机制，定期开展动态评估，提高班组安全履责能力。

在作业现场标准化方面，襄阳公司深化应用“一图三表”安全技术要点，严格执行“基建作业现场标准化管理提升工作方案”“典型作业现场标准化布置手册”，强化安全文明施工措施落实，固化并推广至每一个作业现场。

2. 扎实开展安全主题活动

襄阳公司强化基建整体管理链条责任落实，定期开展“8+2”工况梳理

和事故隐患排查；全面实施全过程风险管控，持续提升风险值班管控工作成效，周密开展工程全线梳理，抓实现场安全管控。

3. 大力开展"四个专项"治理

一是开展作业票严肃性专项治理，分层分级开展培训考试，各单位分管领导参加全员作业票知识考试，主管部门负责人带头授课，定期开展作业票检查评价。

二是开展防高坠专项治理，严肃防高坠作业监督，一旦发现高空违章作业，立即清退并列入黑名单。

三是开展深基坑作业专项治理，执行深基坑标准化作业卡，规范班组操作流程，固化作业项，实现人人会操作、会读数、会研判异常。

四是开展假站班会专项治理，有效治理代开站班会、代签字、未到施工现场即开站班会等问题。

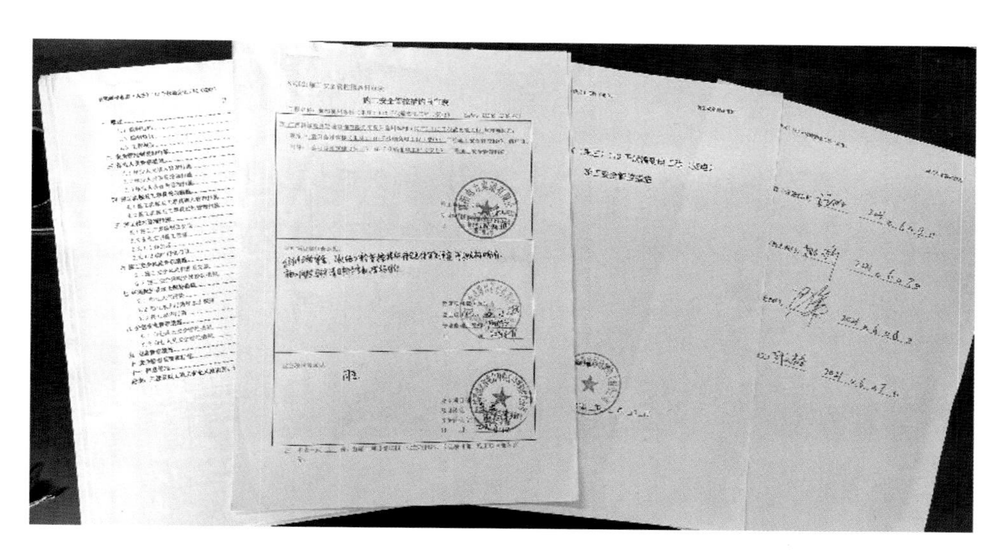

图 7-1　襄阳公司组织编制"施工安全管控措施"

图 7-2　襄阳襄州朱庄 110 千伏输变电工程全封闭施工现场

二、宜昌公司贯彻落实湖北公司基建安全质量管理要求

1. 强化安全责任落实

宜昌公司落细落实基建岗位安全责任清单，重点在计划管控、风险管控、队伍培养、督导考核等方面健全各级责任到位管理机制；制定“业主监理施工项目部安全质量进度管理提升工作方案”，进一步强化项目部关键人员安全质量履责行为，充分发挥三个项目部作用；扎实开展作业层班组标准化建设，选优配强作业层班组骨干，补充自有作业层班组骨干 12 名，通过“理论考试 + 技能考核”优选作业层班组骨干 145 名；常态化开展作业层班组安全能力评估，将评估结果纳入核心分包队伍考核评价体系。

2. 抓实安全精益管理

宜昌公司组织开展输变电工程初步设计阶段高风险作业评估审查，压降二级作业风险；施工图阶段组织参建单位开展现场踏勘、会审，建立施工三级及以上风险清册，摸清风险“底数”。

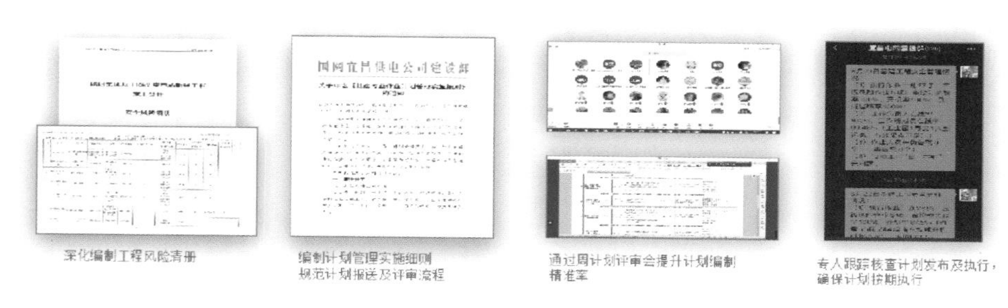

图 7-3　宜昌公司开展现场踏勘、会审，建立施工三级及以上风险清册

3. 强化安全基础管理

宜昌公司组织拍摄 GIS 设备无尘化安装、二次设备调试等标准化作业现场示范片，切实提升作业现场标准化管理水平；建立基建系统应用四级（市公司—参建单位—项目部—作业层班组）管控体系，积极培养项目部“明白人”，风险履职率、人员轨迹 App 应用率等指标长期保持 100%。

三、黄冈公司多措并举，落实安全管理责任

1. 强化业主项目部建设

黄冈公司围绕黄州中环 110 千伏变电站打造“三强五优”业主项目部，开展自查活动 3 次，梳理并整改闭环关键问题 12 项，该自查模式推广至罗田香木河线路工程。

2. 补齐补强作业层班组

黄冈公司充分调配施工企业人力资源，合理设置班组岗位与职责，拉开一线班组与机关部门薪酬差距，一线班组从 6 个增加到 13 个，人员从 119 人增加到 151 人，让更多的人才向一线班组流动。公司为自有线路作业层班组注入“新鲜血液”，招聘 8 名登高作业人员，对其开展岗前理论和实操培训，持续推进自有班组建设。

3. 创建数字化智慧工地，降低安全风险

黄冈公司持续深化基建平台与其他专业平台的数据融合，强化应用人员

图 7–4　黄冈公司智慧工地安全配电箱

轨迹 App 功能，现场做到了“全员覆盖、不漏一人”；构建“互联网 +”现场管理模式，按照“现场感知设备 + 边缘物联代理 + 配套软件”模式，搭建黄州中环 110 千伏变电站智慧工地管理系统。2022 年黄州中环 110 千伏变电站工程获评华中区域级标杆工地。

第二节　“六精”之精雕细刻提质量

湖北公司深化质量全过程管控机制，提升全过程管控智能化水平，持续深化输变电工程高质量建设，打造优质精品工程，夯实电网高质量发展和安全可靠运行基础。

一、鄂州公司加强质量管理，强化施工过程管控

1. 加强设计质量管理

鄂州公司加强设计常见问题管理，实现重点工程零设计变更，一般工程减少设计变更；进一步发挥三维设计的技术优势，提升建设水平；深化应用通用设计、通用设备，总结技术创新应用成果，依据基建新技术目录，扎实做好研究、试点、应用。

2. 强化施工过程管控

鄂州公司严格执行设备物资到货“五方”联合验收工作制度，开展“实测实量”，为达标投产提供准确数据；严格遵照规程规范执行工程转序，加强基础隐蔽工程的验收；借助鄂州“检储配”一体化中心，进行专业化检测，强化质量保障。

3. 发挥示范引领作用

鄂州公司积极申报输变电优质工程银奖评选，强化参建人员质量管理责

图 7–5　鄂州公司“检储配”一体化中心

任终身制，弘扬工匠精神，建设精品工程；推动基建质量管理标准化、质量工艺精细化、质量效益最大化，提升基建质量管理水平。

二、荆门公司打造质量管理精品工程

为了全面提升荆门公司输变电工程质量管理水平，充分发挥先进项目示范引领作用，荆门爱飞客 220 千伏变电站工程从立项之初就确立了打造精品的目标，各参建单位从建设管理的规范性、过程控制的严谨性、设备安装的可靠性、工艺效果的符合性、投产运行的稳定性、示范作用的引领性等六个方面开展建设管理工作。该工程大量应用装配式、预制式新工艺，精准实施法兰跨接，仪器仪表安装整齐，接地标识规范醒目。该工程获得实用新型专利 8 项、设计外观专利 1 项、国内领先技术鉴定 1 项，并获得国网公司 2022 年输变电优质工程推荐参评资格。

图 7-6　荆门爱飞客 220 千伏变电站工程

三、随州公司抓实工程全过程质量管控

1. 压实各方责任

随州公司明晰业主、监理、施工、勘察、设计各方的质量管理责任，逐一签订质量终身责任制承诺书，关键工程、关键工序责任人、验收人“扫码即查”，在变电站主控楼前明显部位设置永久责任牌，实行质量责任终身追溯制。

2. 严控关键环节

随州公司将 18 项反事故措施纳入工程质量标准，编制 GIS、主变压器等主设备质量问题“否决项”清单，杜绝接地、防腐、渗漏、开裂四大质量通病，推行现场安装全过程标准化作业，实现 GIS 无尘化安装、变压器等主设备远程视频监控率达到 100% 的目标。

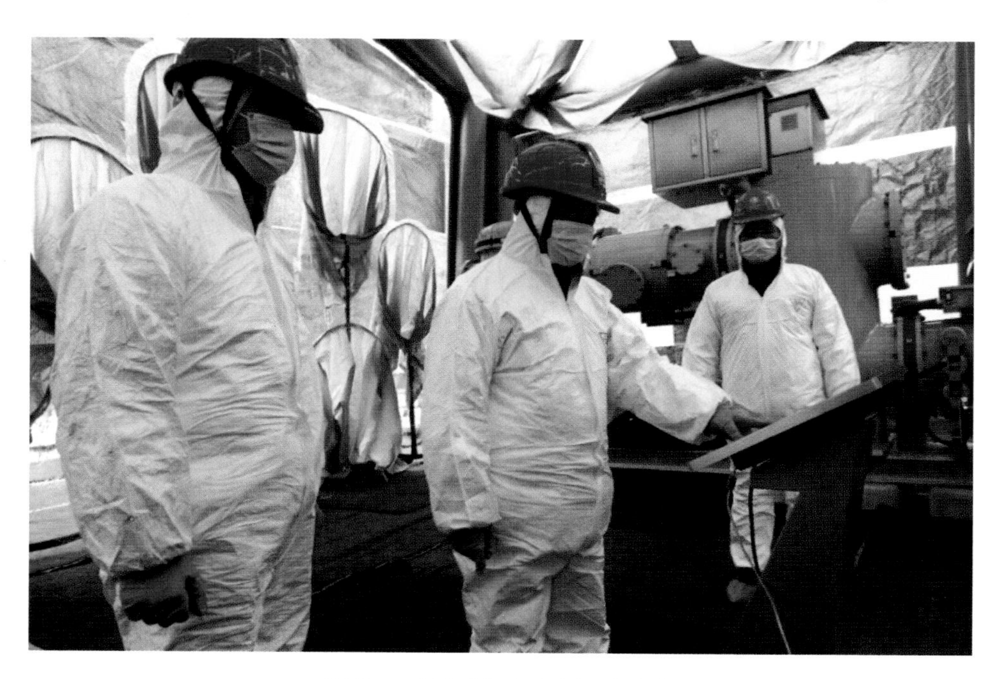

图 7–7 随州公司 GIS 无尘化安装

图 7–8　随州电厂全景

3. 坚持样板引路

随州公司按照“策划在先、样板引路、过程控制、一次成优”原则，在重要标准工艺完成“首件样板”后，由业主项目部组织对标准工艺实体样板进行验收，通过后方可进行后续施工。

第三节　“六精”之精准管控保进度

湖北公司以依法建设为前提，综合考虑建设条件和资源保障，以计划引领电网建设全过程管理，平衡风险理念，统筹建设资源，调控建设节奏，促进业务协同，确保全面完成建设任务。

一、武汉公司严格计划管控，顺利完成多项重点工程

1. 严格项目计划管控

武汉公司科学编制里程碑计划，刚性执行项目实施安排，建立项目进度精准管控和联责考核机制，强化进度计划与招标、物资、停电计划的协同，实现均衡开工、均衡投产；建立超期工程治理长效机制，重点督办，解决存量问题，集中精力破解徐东 110 千伏配套工程、赵家条 110 千伏配套工程线路红线办理难题，确保徐东 110 千伏配套工程等 4 项潜在超期工程进度有序推进；做实项目开工专项检查，落实外部前置条件，避免虚报开工、“带病”开工导致形成新的超期工程。

2. 加强建设协调力度

武汉公司梳理项目立项至工程审计全链条涉及的内外部协调问题，各区公司切实履行属地协调责任，依托各级政府加强地方协调，落实“先签后建”，依法有序推进房屋拆迁、重大赔偿等工作；做好与林业、国土等相关部门和企业的沟通联系，提前取得林木砍伐、征地占地等方面的书面协议，推进工程有序建设。

3. 完成重点建设任务

截至 2022 年 12 月初，武汉公司已完成三金潭 110 千伏变电站、庙山 220 千伏变电站主变压器增容，花山 220 千伏变电站、岱家山 220 千伏变电站配电装置改造；迎峰度夏前再接再厉，加强工作组织，确保赵家条 220 千伏变电站、余家头 110 千伏变电站、南京路 110 千伏变电站等重点工程按期投产，同步保障相关 110 千伏配套、10 千伏配套接入，缓解江北、武昌滨江等片区保供压力。

图 7-9 赵家条 220 千伏变电站内景

二、黄石公司推进“两个前期”，助力工程进度精准管控

1. 成立深入可行性研究专家组

黄石公司分管基建副总工程师任组长，规划、建设、运行、配电等多个专业主任工程师为组员，深度介入项目前期可行性研究编制，专家组参与可行性研究现场踏勘、方案论证、报告编制工作，将设计方案做到初步设计深度；深度介入项目前期可行性研究评审，以初步设计审查标准进行把关，确保可行性研究方案合理，具备可实施性。

2. 无缝衔接，推进“两个前期”手续同步

黄石公司围绕“两个前期”一体化管理思路，统筹开展项目选址、可行性研究、项目核准、协调赔偿、重要跨越、机械化施工条件、消防通道、林木覆盖等前期工作，切实加快相关手续办理进度。

3. 以退为进，推进“两个前期”回退机制

在项目前期，对因项目交接存在遗留的问题，黄石公司坚决落实新开工项目回退机制，将项目调出年度开工计划。在工程前期，对于可能颠覆方案的敏感点，公司回退项目前期，整改完成后，再次组织现场复核，确认无问题后转入工程前期，列入里程碑计划。截至 2022 年 11 月，黄石公司组织召开基建专业月度会 9 次，布置重点工作任务 126 项，其中 71 项工作已协调完成，30 项工作取得阶段性进展，龙上线、四顾闸、宋家山间隔扩建工程和四顾闸改造 4 项工程按期投产送电。

图 7-10　黄石宋家山 220 千伏变电站

三、荆门公司打通现场各专业沟通渠道，构筑工程进度“加速器”

荆门公司开展“党建 + 重点工程”攻坚专项行动，组建吴家湾工程六大攻坚小组，打通现场各专业沟通渠道，变被动为主动，成为工程进度“加速器”和安全管理“定海针”。公司积极开展各级管理人员现场督导履职，规范应用标准化安全检查卡，做好重点工程分片包点，并在公司层面开展“查、纠、讲”活动，“真刀真枪”，杜绝履职走过场。在重点工程，公司实行管理人员下沉作业现场驻点办公，节假日及重点活动现场轮值，保障基建全过程管控。

图 7-11　荆门公司管理人员下沉作业现场驻点办公

第四节　“六精”之精耕细作抓技术

围绕电网转型总体要求，湖北公司扎实推进基建技术管理和技术创新工作，提高电网建设技术水平。

一、随州公司精研技术，提高建筑设计标准化水平

一是依据《国家电网公司“两型三新一化”变电站设计建设导则》，提高建筑设计标准化水平。随州公司推广应用工厂预制式装配建筑，随州广水凤凰 220 千伏变电站新建工程采用与电气设备工艺集合配置要求相匹配的装配式结构以及围护材料。其中装配式围墙可实现生产工厂化、施工装配化，可大量减少搭建模板、脚手架及清除建筑垃圾等工程量，较砖砌实体围墙工期缩短 50%，且装配式围墙墙体美观、经久耐用，不会出现砖砌围墙的泛碱、裂纹、空鼓等现象，后期维护成本小。“微孔桩”科技项目获得湖北公司 2022 年科技进步三等奖。

图 7-12　随州广水凤凰 220 千伏变电站预制式装配建筑

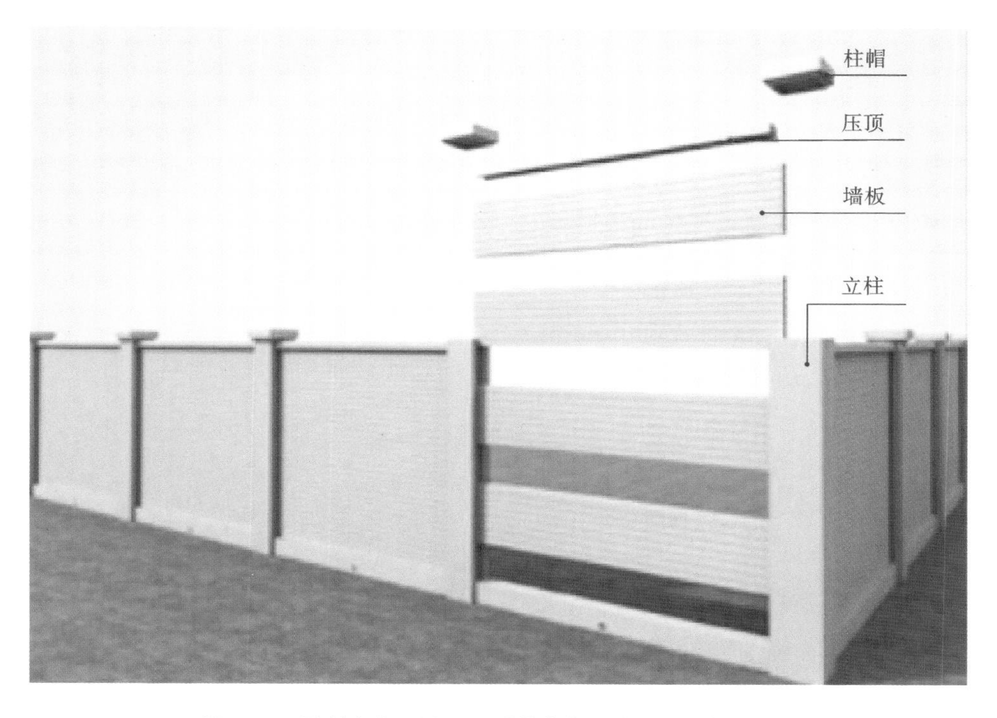

图 7-13　随州广水凤凰 220 千伏变电站装配式围墙效果图

二是积极进行现场标准化作业模拟演练，提高班组作业水平。随州公司组织 220 千伏烈随线改造工程、220 千伏凤凰输变电工程配套 110 千伏线路工程开展基础现场施工模拟演练。公司以现场作业内容为教案，分班组进行模拟作业，涵盖信息系统应用、现场勘察、工作票办理、现场布置、站班会交底、模拟施工、人员上下基坑等，确保班组作业标准化落实到每一个场景、每一个环节、每一道工序，提高作业水平。

二、宜昌公司积极推进变电工程绿色施工技术创新

一是研发可循环利用的混凝土浇筑组合模具。宜昌公司针对传统木模具强度低、易吸水变形等缺点，研发 ABS（热塑性高分子结构材料）成套模具。该模具具有模块化建设优点，可组合使用，以满足不同设备基础形式需求。单套模具循环利用次数超过 5000 次，代替传统木模具可节省支模材料 80%。

二是推进现场安装数字化管理。宜昌公司针对配电装置楼等主体结构工程，制作模拟三维立体模型图，配合构件码信息集成、数字化定位技术，实现预制件从生产、运输到现场安装的数字化精确管控，满足现场吊装一次性到位要求，大大节省现场周转堆放、二次运输成本。

图 7-14　绿色施工总体策划

三是试点应用工程沉降监测技术。宜昌公司依托岩花变电站工程开展“国网芯”沉降监测装置应用，围绕设备基础、建筑物、站外边坡等重点，布设22 个监测点，实时监测沉降趋势及坡体表面位移、滑坡体雨量等指标变化情况，按月形成监测报表及曲线图，实现环境变化可感可测，提升水土流失等预防预控能力。

三、中超监理公司强化技术能力，提升支撑工程项目

一是不断优化电网建设指挥中心功能。中超监理公司依托湖北公司数据中台，集合全过程平台等各类信息系统，建立统一的数据管理平台，改变之前人工收集、手动干预的工作方式，实现对工程现场的信息汇总、分析研判与精准督导。2022 年，中超监理公司指挥中心共编制 40 期周报、205 期日报，日均告警现场 20 次，有效助力工程现场安全风险管控。

图 7–15　中超监理公司电网建设指挥中心

二是强化工程项目技术指导。中超监理公司遵循风险"先降后控"原则，充分考虑停电窗口复用、物资供应和施工承载力等因素，组织制定了工程项目年度实施计划，共计压降二级作业风险21项，减少220千伏及以上线路重复停电66次，有效保障了停电跨越施工的重大线路按计划刚性执行。

三是不断强化技术体系建设。中超监理公司优选多名具有多年现场施工和管理经验的专家，完善公司主任工程师、专家队伍建设，全过程参与了武南、金山工程的初步设计和施工图评审等前期工作，从设计源头做好策划，施工过程动态调整，大力推进机械化施工，优化设计及施工方案，压减白浙线、恩朝线等工程人工挖孔基础300余基，实现荆门—武汉1000千伏、晋东南—南阳—荆门1000千伏特高压工程以及武汉1000千伏变电站配套工程基础、组塔施工机械化率均达到100%。

第五节 "六精"之精打细算控造价

湖北公司落实全生命周期成本最优理念，抓好初步设计评审、预算审核、过程管理、结算监督等全过程关键环节精细管控。

一、荆州公司依托基建全过程平台信息化数据，推进造价规范化管理

一是做好农民工工资支付工作。荆州公司依托基建全过程平台信息化数据（工作票），按月检查通报各单位农民工工资支付工作开展情况，并随机抽查项目的支付清单、银行流水等相关资料。

二是做好"三清理、两提高"工作。荆州公司加强与财务、物资、审计的横向沟通，按职责协同推进项目关闭，特别是受物资变更、结余物资处置等因素制约导致的关闭困难项目，要明确处置意见，制定专项方案，全力推进工程清理进度。

三是强化工程结算管理。荆州公司充分应用基建全过程平台技经模块分

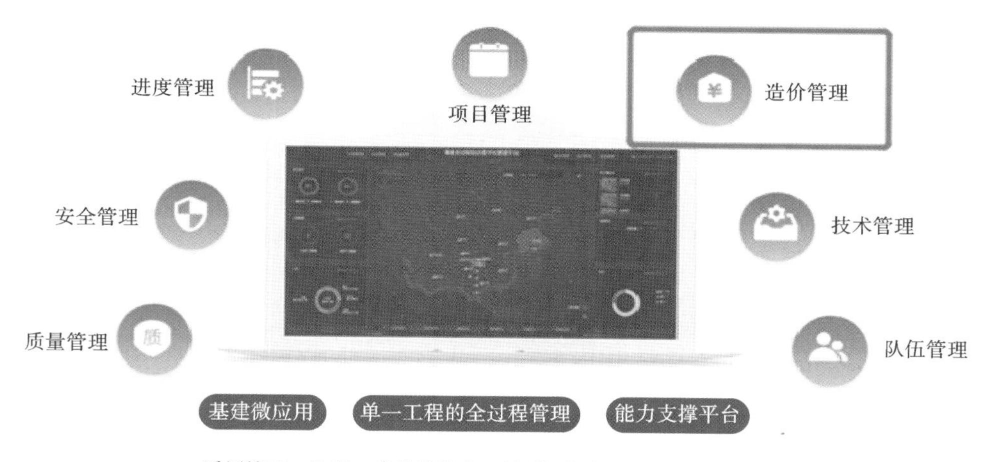

图 7-16　基建全过程平台造价管理功能

部结算管理微应用功能，按照工序节点方式开展分部结算工作，实现“工完、量清、价准”。截至 2022 年 6 月，共完成石首彭家铺输变电工程等 18 项工程结算，完成 10 项工程审计，结算按期完成率达到 100%。

二、湖北经研院强化结算监督检查和结算复核工作

湖北经研院继续强化结算监督检查和结算复核工作，完成 15 家建管单位结算监督检查，检查输变电工程 62 项，发现并督办整改问题 376 条，出具结算审核补充报告 38 份，完善项目资料 202 件。同时，湖北经研院印发《国网湖北省电力有限公司经济技术研究院关于印发输变电工程结算复核标准化管理工作方案的函》，标准化、规范化、常态化开展结算复核，全年调整结算金额 1901.03 万元，严把工程结算质量，落实合同条款执行，排查结算合规性风险。

第六节　“六精”之精心培育强队伍

湖北公司落实“以人为本”理念，尊重人才、培养人才，加强专业领导、专业人才培养选拔力度，形成良好氛围。

图 7–17 “湖北工匠杯”技能大赛

一、荆州公司发挥党建引领，抓好队伍建设

荆州公司始终坚持围绕中心、服务大局的理念，将党建工作与项目建设有机结合，让党旗在电网建设一线高高飘扬。一是通过支部结对共建、党员示范岗、红领之星评选等载体，促进“六精”管理要求落地。二是抓好队伍建设，通过向荆州公司党委申请，实施人才帮扶计划，每个县公司派 1 人到项目管理中心实施为期 2 年的帮扶，补充业主管理力量，培养基建管理人才。

2022 年，荆州公司严格落实《国家电网有限公司电网基建项目临时党支部工作指导手册（试行）》要求，成立了 12 个临时党支部，覆盖所有在建工程，吸纳 130 余名党员同志，打造党建工作阵地。

同年，“6·30”工程自进入 5 月份以来，面临着物资到货和疫情双重影响，荆州公司迎难而上，冲锋在前，举行“6·30”工程项目党员突击队誓师大会，全体党员充分发挥先锋模范作用，亮身份、践承诺，以安全、质量、进度为底线，形成上下联动、重心下沉、快速响应的工作机制，打通项目贯通落地的“最后一公里”，最终实现工程现场一天一个样、两天大变化的目标，两个月内完成 80 余公里线路的杆塔组立和架线施工，以高素质基建队伍创造了新的荆州速度。

图 7-18　荆州公司“6.30”工程项目党员突击队誓师大会

二、恩施公司建强基建队伍，提升核心业务能力

1. 深化安全管控

恩施公司通过推行“今晚八点钟日例会”制度，剖析工程在安全、质量、进度等方面的管理漏洞和问题，研讨形成改进提升措施，现场安全违章数量显著下降，“基建工程计划执行准确率”“输变电工程绿色优质达标率”稳步提升。

图 7–19　恩施公司基建全年目标动员会

2. 丰富培训方式

恩施公司开展“项目经理讲工程”活动，参建各方线上学习总人数达1500余人次，分享“每日一题”安全质量知识点，着力解决参建队伍履职能力和业务水平参差不齐等问题。

3. 坚持党建引领

恩施公司推行“党建＋基建＋创优”模式，成立两个临时（联合）党支部，以“党建灯塔”引领“基建铁塔”，着力打造一批“长江边上最靓丽变电站”“安全管理‘五好’示范工地”“现代智慧标杆工地”等优秀工程。

第七节　“四化”之标准化

湖北公司严格落实最新版通用设计通用设备应用要求，因建设条件限制不能采用通用设计通用设备时，须请示汇报同意后方可开展初步设计。根据“国网公司输变电工程通用设计通用设备应用目录（2022 年版）”，编制公司 35 ～ 220 千伏变电站施工图实施方案；按照国网公司统一安排，完成

110 千伏和 220 千伏输电线路杆塔通用设计的编制工作；开展湖北地区 35 ~ 220 千伏中重冰区杆塔通用设计的编制工作。

一、黄冈公司持续深化电网标准化建设

为迅速落实国网公司关于推进电网高质量建设的指导意见以及湖北公司基建“六精四化”三年行动方案等相关文件要求，黄冈公司提升基建质量管理水平，持续深化电网建设标准化建设。黄冈公司建设部经过精心组织、精选课题，特邀湖北省电力建设工程质量监督中心站专家进行授课，旨在达到精准提升的目的。课程围绕变电站工程土建及电气安装专业知识、输电线路工程质量行为及实测相关管理要求等重点内容展开，进一步提升了公司工程质量管理人员的能力素质，有助于强化工程质量全过程精细化管控，为重点工程争创优质工程奠定基础。

黄冈公司在黄州中环 110 千伏变电站工程现场创新使用标准工艺二维码展板，微信扫码即可查看施工工艺技术文档。如果要查看相应施工工艺的标

图 7-20　黄州中环 110 千伏变电站主变压器基础

图 7-21　黄州中环 110 千伏变电站工程现场标准工艺二维码展板

准，直接在小程序中搜索相应名称即可查看。

二、孝感公司以深化“标准化”推动“六精四化”走深走实

1. 实现标准化作业全场景

孝感公司召开临空 220 千伏变电站工程 A 型构架吊装起重作业标准化、安陆赵棚风电场 110 千伏送出工程标准化作业现场会，相关单位及作业层班组人员共 80 余人集中观摩作业流程，详细了解现场风险控制措施、安全文明设施布置等情况。

2. 落实安全文明施工全覆盖

孝感公司落实前期策划文件、项目部、安全文明施工设施标准化配置。公司推广预制舱式临建、伸缩式盖板、插拔式配电箱、安全体验区等人性化安全设施应用，探索安全设施二维码管理、智能监测等智慧型工地建设。

图 7-22　孝感公司 220 千伏汉马线跨越汉宜高速铁路孝感段的架线施工现场

3. 创新应用“首件样板”制度全链条

孝感公司重要预制件施工完成“首件样板”后，由业主项目部组织对实体样板进行检查、验收，通过后方可进行后续施工。如果“首件样板”经三次验收仍达不到标准，则不合格预制件或不合格施工班组将按合同规定退场。

第八节　“四化”之绿色化

湖北公司在电网建设项目践行全过程绿色发展理念，落实环境保护、水土保持要求，应用绿色建造技术，有效降低资源消耗和环境影响，助力“双碳”目标落地实施，实现电网建设综合效益最大化。

一、黄石公司践行绿色环保施工

黄石公司在阳新星潭 35 千伏变电站围绕绿色环保和谐的建造理念，组织参建单位深化“四节一环保”（节能、节地、节水、节材和环境保护）措施，持续开展绿色环保施工。施工现场裸露地面、集中堆放的土方及时覆盖，采用环保除尘雾炮机有效抑制扬尘，变电站设计使用节能 LED 灯具，全年预计节约用电 1000 多千瓦时。公司采用工厂化加工预制件，采用断桥铝合金保温、隔热等节能减排措施，全年预计减少碳排放量约 3.5 吨；通过装配式厂房、预制件应用，在工程建设过程中有效减少了现场材料浪费。

图 7-23　黄石公司采用扬尘在线监测设备

图 7-24　黄石公司采用断桥铝合金保温、隔热措施

二、襄阳公司培育环保意识，建造绿色示范工程

1. 开展绿色化设计

襄阳公司积极应用新技术，包括 GIS 双断口设置、钢结构环槽式节点在内的“建筑业 10 项新技术”7 项、“电力行业五新技术”8 项。公司全站采用三维设计，通过模拟主要建筑物、管线间的碰撞优化工作流程，有效提升安全质量及节能环保水平。

2. 加强智能化管控

襄阳公司开展智慧工地系统平台布置，安装 AI 人脸识别系统，设置视频监控系统、环境保护监测系统等，提高施工现场智能化管控水平。

3. 推行绿色化施工

襄阳公司编制临时用地方案，合理规划办公、生活分区，节约临时用地面积约 360 平方米；利用太阳能技术，使用低功耗电器、节能环保灯具，降低电能损耗约 36800 千瓦时；采用扬尘、噪声智能监测设备，配置自动水喷雾、冲洗车、雾炮机、静压桩机、塔吊等设施，减少扬尘、噪声污染，“四节一环保”取得显著成效。

图 7–25　襄阳襄城观音阁 220 千伏变电站推行绿色化施工

第九节 “四化”之机械化

湖北公司应用现代智能建造技术，健全现代装配式施工新模式，进一步提升设备的集成度、建筑物预制率，提升线路机械化施工率，提升工程建设安全质量和效率效益。

一、宜昌公司全面推行模块化应用

宜昌公司依托枝江余家溪 110 千伏变电站国网公司输变电优质工程金奖项目，在宜昌夷陵岩花 110 千伏变电站工程中进一步深入应用预制叠合混凝土装配式建筑。变电站主厂房、辅助用房采用预制叠合混凝土装配式建筑，应用建筑信息模型（BIM）技术进行三维数字化设计，优化墙板形式、连接节点，对建筑构件进行标准化拆分，框架柱、梁、墙板等构件采用工厂预制件，提高生产及装配效率。预制叠合混凝土装配式建筑具有耐久、耐候、防火、防水、保温、隔声等优异性能，造价与装配式钢结构厂房相当，而后期维护成本大为降低，从全寿命周期考虑，预制叠合混凝土装配式建筑更具经济性，且更符合国家绿色环保和模块化理念，推广价值高。

图 7–26 宜昌公司应用建筑信息模型（BIM）技术进行三维数字化设计

二、咸宁公司创新研发移动式伞形跨越架

移动式伞形跨越架是国网公司研发的一种新型跨越施工装备。该装备为一种伞形结构的跨越施工封网装置，可以将各型起重机作为搭载平台，快速便捷、安全高效地为线路跨越施工提供防护保障，可实现不停电跨越输电线路和不封路跨越公路施工，适用于跨越 110 千伏及以下电压等级线路、公路、铁路的放线跨越施工。相比传统跨越方式，该装备可降低 70% 的跨越架搭设费用，缩短 90% 的跨越架搭设时间，减小了电力施工对周边环境的影响，经济、社会效益明显。

图 7-27　移动式伞形跨越架辅助拆除旧线

咸宁公司经过 6 年研发应用，历经三代产品升级，成果已在湖北省基建及技改工程中全面推广应用，累计完成省内外跨越施工应用近 300 次，多家省公司完成设备采购或达成试点应用意向。

第十节　“四化”之智能化

湖北公司推进数字化平台应用和现代智慧工地建设，加强数据融合和基

层减负、现场智能化管控、数字设计技术研究。

一、湖北送变电公司、随州公司“三跨”作业推广应用智能可视化牵张工法

张力放线施工是架空输电线路架线施工的关键环节，其施工工艺复杂，使用的施工机具繁多，需要监控的风险点较多。在以往张力放线施工过程中，牵引场、张力场以及中间塔位都需要施工人员及监护人员在场，人力投入和施工强度较大。张力放线施工各个环节之间的配合一般由作业人员通过对讲机沟通，协同性不强，不具备全局可视化条件。

图 7-28　随州广水凤凰 220 千伏线路工程跨越麻竹高速公路放线施工

湖北送变电公司在武汉 1000 千伏变电站配套 500 千伏送出工程跨越京广高速铁路、沪蓉高速铁路、武麻铁路、沪蓉高速公路等“三跨”放线段，以及随州广水凤凰 220 千伏线路工程跨越麻竹高速公路放线施工，均采用智能可视化牵张设备放线新工法，全方位远程监控操控。集控可视化系统可以保证操作人员及时、准确、清晰地接收信息，减少操作之间的时间差。

操作人员可以远程监控现场多台牵张设备，同时可以控制不同设备之间的启动、停机、转速等。采用远程集中控制，操作人员与设备彻底分离，有效消除了操作人员驻守设备时存在的机械伤人及恶劣环境影响带来的隐患问题。

图 7–29　随州广水凤凰 220 千伏线路工程跨越麻竹高速公路放线施工控制室

图 7–30　湖北送变电公司智能可视化牵张工法控制室

二、湖北经研院研发数字化应用，赋智赋能“六精四化”专业管理

1. 做强进度识别微应用

湖北经研院优化基建现场进度智能识别算法，整理 38 类识别对象样本库，建立 5 类识别标准；研制工程进度智能识别装置，识别准确率达到 90%，有效提升工程进度精准管控水平和预警纠偏效能。

2. 做优造价全过程管控

湖北经研院研发基建平台造价管理微应用并上线推广，建立基建工程分部结算、结算复核、款项支付等关键环节数字模块，整体工作时长缩短 57%，年度造价数据线上采集率提升 71.2%，统计精度提升 41.5%，被评为国网公司基建部工程造价“精打细算”高质量控制创新管理工作成果。

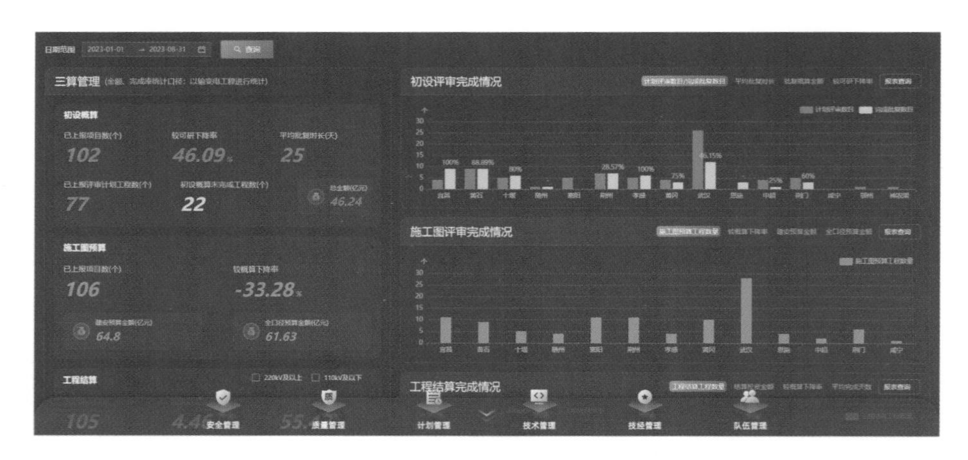

图 7-31　基建平台造价管理微应用

3. 做好国网公司重点建设任务

湖北经研院牵头承担“档案电子化归档”国网公司“e 基建 2.0”专项建设任务，统筹利用电子签章、统一权限、人工智能、数据中台等组件功能，全量归集基建项目过程中的线上、线下文档资料，实现基建档案的自动提取、高效转版、便捷归档和安全应用。

第十一节　“四化”创新成果

一、标准化

湖北公司牵头国网公司 220 千伏电压等级新型电力系统变电站通用设计修编。公司落实标准化设计，制定湖北地区中重冰区杆塔通用设计；整合 14 个地市地质分布情况，编制全省地质分布图，为湖北输变电工程高质量建设、高质量运行打好基础。

图 7-32　编制全省地质分布图

湖北公司建立标准工艺推广应用机制，打造标准工艺应用“样板间”。公司建立标准工艺实训基地，确保其技术先进、经济合理、绿色低碳、操作简便、易于推广，均衡提升各电压等级工程标准工艺应用实效。公司依托孝感毛陈 220 千伏变电站打造标准工艺应用“样板间”，标准工艺应用率达到 100%。

图 7-33 孝感毛陈 220 千伏变电站打造标准工艺应用“样板间”

二、绿色化

湖北公司开展输变电工程绿色建造评价工作，建立输变电工程绿色评价体系，开展动态检查评估和绿色建造交叉评价。公司检查工程范围涵盖 2022 年以来投资建设的35 千伏以上新开工的输变电工程，着力提升绿色建造水平，3 项工程在中电建协组织的绿色建造评价活动中获评星级工程。

图 7-34 线路工程推广应用绿色塔材

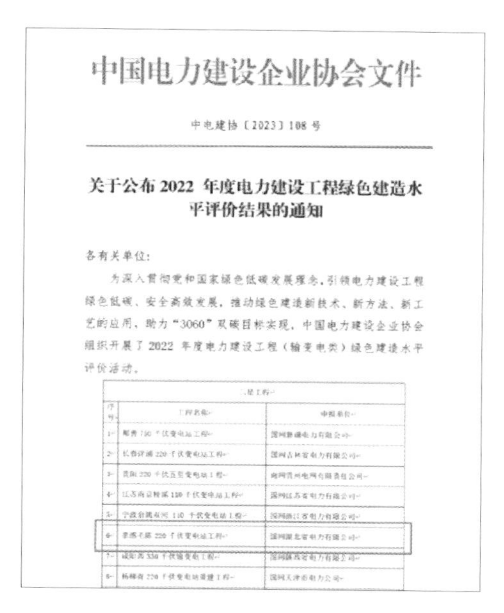

中国电力建设企业协会文件

中电建协〔2023〕108号

关于公布2022年度电力建设工程绿色建造水平评价结果的通知

各有关单位：

为深入贯彻党和国家绿色低碳发展理念，引领电力建设工程绿色低碳、安全高效发展，推动绿色建造新技术、新方法、新工艺的应用，助力“3060”双碳目标实现，中国电力建设企业协会组织开展了2022年度电力建设工程（输变电类）绿色建造水平评价活动。

二星工程		
序号	工程名称	申报单位
1	鄯善750千伏变电站工程	国网新疆电力有限公司
2	长春伊通220千伏变电站工程	国网吉林省电力有限公司
3	贵阳220千伏五里变电站工程	南网贵州电网有限责任公司
4	江苏南京梓溪110千伏变电站工程	国网江苏省电力有限公司
5	宁波余姚东河110千伏变电站工程	国网浙江省电力有限公司
6	孝感毛陈220千伏变电站工程	国网湖北省电力有限公司
7	咸阳西330千伏输变电工程	国网陕西省电力有限公司
8	杨柳青220千伏变电站迁建工程	国网天津市电力公司

图7-35　孝感毛陈220千伏变电站获评绿色建造“二星”工程

湖北公司加强工程实体及数字化成果绿色移交，确保工程建设满足绿色建造、环境保护、水土保持要求，持续提升输变电工程绿色优质达标率。公司积极支撑新型电力系统建设背景下的环境保护、水土保持管理数字化转型，搭建基于安全管控平台视频监控系统的环境保护、水土保持“云督查”平台，实现施工过程环境保护、水土保持违法违规问题及时发现、及时纠正、及时处置。

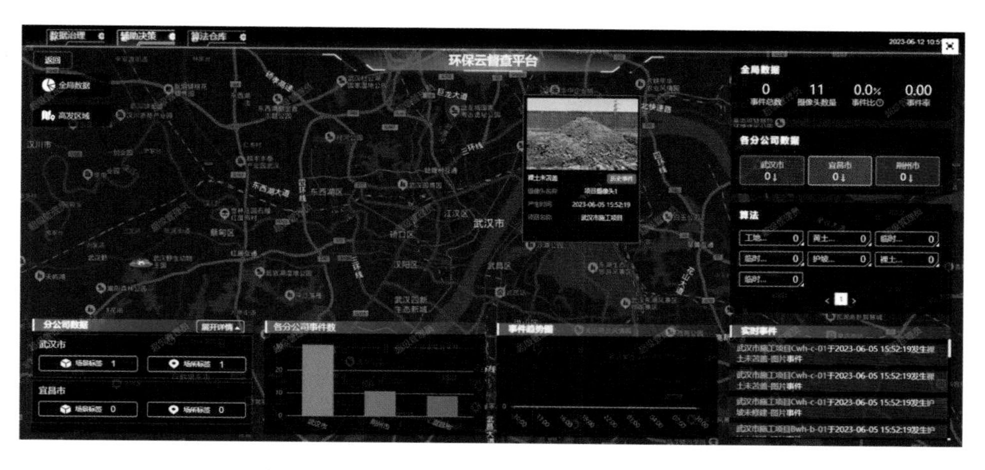

图7-36　环境保护、水土保持“云督查”平台

三、机械化

湖北公司依托“35 ~ 750 千伏变电站建筑物及基础装配性能提升技术研究”“绿色低碳变电站关键技术研究及应用”等多项国网公司总部科技项目，继续深化变电站装配式建设技术创新，在装配式变电站建筑物基础及设备基础等地下部分研究方向实现突破。

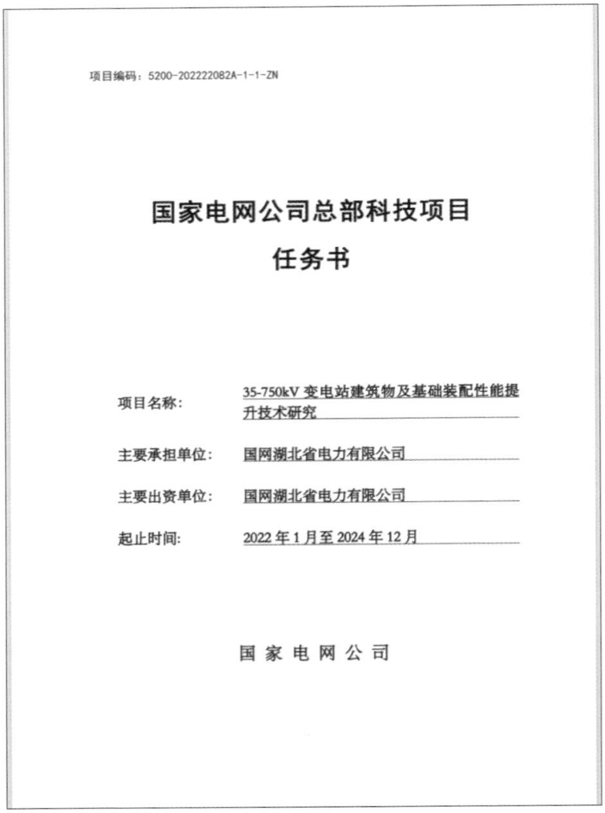

项目编码：5200-202222082A-1-1-ZN

国家电网公司总部科技项目

任务书

项目名称： 35-750kV 变电站建筑物及基础装配性能提升技术研究

主要承担单位： 国网湖北省电力有限公司

主要出资单位： 国网湖北省电力有限公司

起止时间： 2022 年 1 月至 2024 年 12 月

国 家 电 网 公 司

图 7–37　国网公司总部科技项目任务书

湖北公司依托国网公司优质工程金奖项目宜昌余家溪 110 千伏变电站，全面推广模块化建设，2023 年以来组织召开新型预制件推广等 5 次模块化施工现场会，推行工厂化批量生产、现场机械化装配，应用预制装配技术，持续提高设备集成度、建筑物装配率、预制件标准化程度。

图 7–38　应用 GIS 装配式基础及新型预制电缆沟

图 7–39　应用建筑信息模型（BIM）技术进行三维数字化设计，优化墙板形式、连接节点

图 7-40　宜昌余家溪 110 千伏变电站配电装置楼采用预制混凝土叠合装配式结构

四、智能化

湖北公司研发基建可视化平台，该平台融合 e 基建 2.0、安全管控、人员轨迹 App 数据，联合各专业专家，以“一平台，多应用”宗旨进行研发，覆盖六大专业，响应全方位需求，多维度分析项目管理现状，实时更新施工现场数据，以高质量成果服务基建工程全生命周期。

图 7-41　利用基建可视化平台实时更新施工现场数据

湖北公司严格落实精益化管理理念，以问题为导向，以数字技术赋智赋能，研发人员轨迹 App，利用信息技术解决海量作业现场和人员环境下的安全管控问题。

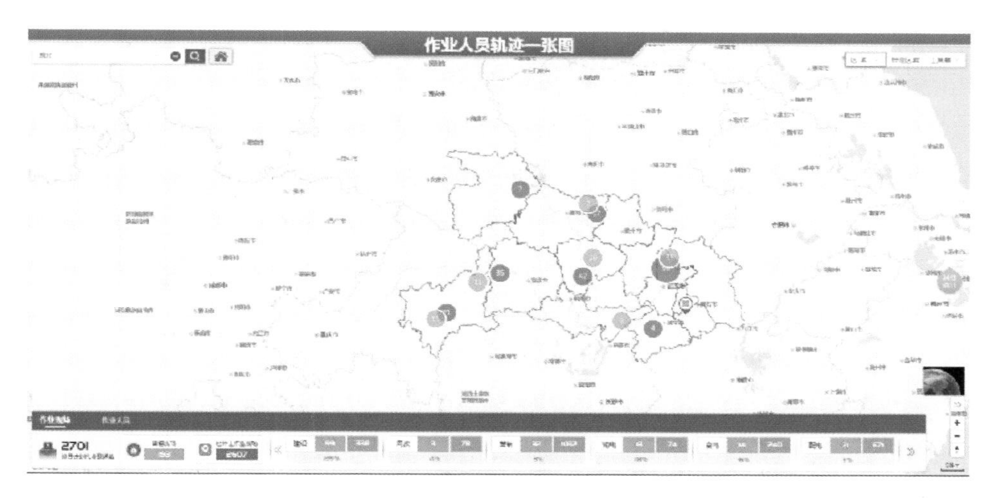

图 7–42　利用人员轨迹 App 实时监控作业人员轨迹

第十二节　示范工程建设

一、智慧标杆工地

2022 年以来，湖北公司基建战线认真落实“创一流、树典型、建样板”工作要求，以“样板先行、担当进取、实干实效”为主线，深入开展现代智慧标杆工地创建，全力打造以“六精四化”为基本特征、具有湖北特色的电网高质量建设样板工程。

一是策划在先，笃定创建目标。湖北公司印发“六精四化”工作方案和标杆工地评价细则，各单位、各项目逐级细化落实重点措施，优化建设管理纲要、施工组织设计、监理工作方案，因地制宜推动安全、质量、进度、技经、技术等专业项目管理工作。

二是精心策划，形成特色亮点。湖北公司传承变电站装配式建设经验，积极探索线路机械化施工模式，在“标准化、绿色化、机械化、智能化”等方面综合施策、精准发力，提高项目质量和工艺，提升施工本质安全水平和建设效率效益。

三是积极行动，营造良好氛围。15家建设管理单位全面参与公司内部标杆评选活动，21项工程通过资格审查并开展“远程＋现场”检查，8项工程获得省公司级标杆工地称号，6项工程参与国网公司现代智慧标杆工地评比，选树了一批具备代表性的标杆工地，形成了“比学赶帮超”的标杆创建氛围。

湖北公司参评的武汉1000千伏变电站配套500千伏送出线路、随州广水凤凰220千伏变电站等2项工程获评国网公司级现代智慧标杆工地，襄阳襄城观音阁220千伏变电站、咸宁咸安沿河110千伏变电站、黄州中环110千伏变电站等3项工程获评区域级现代智慧标杆工地，总体成绩处于华中区域领先，与江苏、浙江等6家省级公司并列国网公司第一方阵。

湖北公司以此次评比为契机，始终坚持“六精四化”建设方向，不断推进现代智慧标杆工地选树，持续营造“争当标杆、争当先进”的良好氛围，“以点带面”促进各专业、各工程管理能力持续提升，为加快公司“四个转型”、全面实现“华中区域领先、国网第一方阵”目标贡献电网建设力量。

（一）武汉1000千伏变电站配套500千伏送出工程

武汉1000千伏变电站配套500千伏送出工程全面落实国网公司、湖北公司深入推进输变电工程机械化施工的相关要求，依托施工现场特点，打造机械化施工示范工地。该工程完善机械化施工工法，基础阶段全面应用旋挖钻机、循环钻机、微孔钻机；铁塔组立阶段全面应用吊车、方700型落地摇臂抱杆，并首次使用湖北公司自主研发的方500型落地双摇臂抱杆；架线阶段采用“集控智能可视化牵张放线系统”。该工程实现了输电线路工程基础立塔、架线施工机械化设备使用率100%的目标，获评国网公司级现代智慧标杆工地。

图 7-43　武汉 1000 千伏变电站配套 500 千伏送出工程全景展示

（二）随州广水凤凰 220 千伏变电站工程

随州广水凤凰 220 千伏变电站工程位于湖北省随州市广水南侧周家独屋，北侧紧邻南环路，进站道路从南环路引接，位于负荷中心，交通便利，进出线条件较好。本期建设 180 兆伏安主变压器 1 台，220 千伏出线 2 回，110 千伏出线 6 回，10 千伏出线 9 回。变电站工程静态总投资 8925 万元，动态总投资 9086 万元。变电站建成后，对提高广水区域电网的供电可靠性和新能源外送的能力、改善 110 千伏电网结构意义重大，该工程获评国网公司级现代智慧标杆工地。

（三）襄阳襄城观音阁 220 千伏变电站工程

襄阳襄城观音阁 220 千伏变电站工程位于湖北省襄阳市襄城区杨家河村

图 7-44　随州广水凤凰 220 千伏变电站工程全景展示

二组及孙家巷村七组交界处。该工程里程碑竣工日期为 2022 年 12 月，工程静态总投资 25321 万元，动态总投资 25795 万元，变电容量 48 万千伏安，线路 17.7 千米。

2022 年 7 月 20 日，襄阳襄城观音阁 220 千伏变电站建设现场 2 台主变压器全部就位，工程正式进入电气设备安装阶段。该工程作为国网公司绿色建造示范试点项目，一是工程现场采用了国网公司四项新技术。装配式钢结构创新采用环槽式连接节点，装配式梁柱节点采用创新设计的模块化组件，所有构件实现标准化设计、工厂化加工，在现场全部用螺栓连接，便捷地实现模块化建设。二是变电站建设采用"绿色建造"施工新模式。建设伊始，襄阳公司便在降尘、降噪、节水、节电、节能等方面多点发力，打造环保型施工新模式，在施工现场应用智慧工地、云服务平台、配置智能环境监测装置，对施工现场PM2.5、PM10主要污染物及环境噪声、温湿度等进行实时监测。2022年11月，该工程获评区域级现代智慧标杆工地。

图7-45　襄阳襄城观音阁220千伏变电站工程全景展示

（四）黄州中环110千伏变电站工程

黄州中环110千伏变电站工程位于湖北省黄冈市黄州区光谷联合工业园区，该园区是黄冈市与武汉市合作共建的重大工业园区。该变电站建成后能够有效解决园区负荷卡口，提进一步提升园区及周边城区供电可靠性。本工程按照室内GIS变电站设计，本期新增5万千伏安的主变压器2台，110千伏出线2回，10千伏出线24回。

该工程建设过程中，黄冈公司紧紧围绕“六精四化”三年行动，突出安全、质量、技术、造价管控，坚持绿色环保建造，应用模块化施工，注重智慧赋能，对顶层设计、建设品质、管理能力提出了更高要求，该工程获评区域级现代智慧标杆工地。

图 7–46　黄州中环 110 千伏变电站工程全景展示

（五）咸宁咸安沿河 110 千伏变电站工程

2022 年 12 月 2 日，经过两昼夜近 40 个小时的努力，咸宁咸安沿河 110 千伏变电站 1 号主变压器充电完成，标志着咸宁首个电网建设智慧工地工程正式投产送电。该工程位于湖北省咸宁市咸安区孝子山脚下，运用了国内首创的装配式电缆沟和装配式 GIS 设备基础新技术。这两项技术不受施工环境影响，能够缩短施工周期，节约工程造价，为咸宁绿色经济发展和创建全国文明城市助力。

这种装配式工艺是咸宁公司的实用新型发明专利。在以往变电站 GIS 设备基础和电缆沟的施工过程中，存在人工需求大、施工周期长、混凝土钢筋用量大、机械化施工程度低、施工垃圾多等问题。2019 年，咸宁公司主动承担了“新型装配式电缆沟研究”和湖北公司科技项目“GIS 设备装配式基础研究及应用”两个课题，历经三年潜心研究，2021 年 6 月获得专利，2022 年在咸宁咸安沿河 110 千伏变电站成功应用。2022 年，该工程获评区域级

图 7-47　咸宁咸安沿河 110 千伏变电站工程全景展示

现代智慧标杆工地。

（六）阳新星潭 35 千伏变电站工程

阳新星潭 35 千伏变电站工程位于湖北省黄石市阳新龙港镇星潭村，是振兴阳新乡村能源建设的重要支撑项目。工程建成后将进一步增强黄石市阳新南部地区电网结构和抵御风险的能力，提升供电可靠性和智能化水平，为龙港镇地区 13000 户居民提供充足的电力保障，为革命老区经济持续发展和新能源接入注入强劲动力。

该工程总投资 1668.18 万元，终期规模 2 台主变压器，本期投建容量为 1 万千伏安的主变压器 1 台，10 千伏出线 7 条，全部电气设备采用技术成熟、性能先进的自动化设备。配电装置室采用全钢结构装配式厂房，单层钢框架结构形式。该工程于 2022 年 5 月开工，2022 年该变电站工程获评省公司级标杆工地。

图 7-48　阳新星潭 35 千伏变电站工程全景展示

（七）汉川闽港 110 千伏变电站工程

孝感市汉川闽港 110 千伏变电站工程位于湖北省孝感市汉川经济开发区，于2022年2月开工建设，工程建设在各个阶段推广采用“新技术、新材料、新设备、新工艺、新流程”，变电站主要建筑物采用装配式结构，主要配电设备采用 GIS 成套设备，全站布置合理，场区采用碎石和草坪相结合的形式，与周边环境相协调。

该变电站按照“设计优秀、施工优质、设备可靠、系统稳定、技术创新、绿色环保、平安和谐”的创优总体要求，实现工程达标投产及优质工程目标，达到《国家电网公司输变电优质工程评定管理办法》标准要求，一次性送电成功。2022 年 11 月，该变电站工程获评省公司级标杆工地。

图 7-49 汉川闽港 110 千伏变电站工程全景展示

（八）利川旗杆桥 110 千伏变电站工程

利川旗杆桥 110 千伏变电站工程位于湖北省利川市西部的凉雾乡，工程建成后将满足利川市西部城郊电力负荷发展的需求，减轻大塘变电站的供电压力，解决用电卡扣问题，同时为后期龙船调景区、工业园区的发展提供可靠电源。

该工程本期建设 50 兆伏安主变压器 1 台，电压等级 110/10 千伏，110 千伏出线 2 回，分别至汪营 220 千伏变电站 1 回、大塘 110 千伏变电站 1 回，10 千伏出线 13 回，工程动态总投资 3704.37 万元。2022 年，利川旗杆桥 110 千伏变电站获评省公司级标杆工地。

图 7–50　利川旗杆桥 110 千伏变电站工程 GIS 设备吊装现场

图 7–51　利川旗杆桥 110 千伏变电站工程全景展示

第十三节　优质工程奖

2022 年，湖北公司秉承精心策划、精益管理、全面提升高质量建设水平的建设理念，紧扣年度创优工作目标，稳步推进“创优示范标杆工地”建设。公司从设计创新入手，以“围绕智慧工地建设、推进装配式变电站建设、打造绿色建造示范工程”为亮点，制定模块化、装配式、预制式等创优设计方案；通过周密策划，刚性执行质量检测工作要求，强化关键环节视频管控，严格履行质量验收程序，对达标投产严格考核，全面统筹抓实全过程质量管控，督导鄂州500 千伏变电站工程获得中国安装工程优质奖（中国安装之星），鄂州 500 千伏变电站、孝感孝昌闵集 220 千伏变电站、襄阳保康段江 35 千伏变电站工程获得中国电力优质工程奖，编钟—仙女山 500 千伏线路工程获得国网公司输变电优质工程金奖。

一、中国电力优质工程奖

1. 鄂州 500 千伏变电站工程

鄂州 500 千伏变电站工程位于湖北省鄂州市汀祖镇，是深化应用装配式施工、落实绿色建造理念的智能变电站。本期装设 1000 兆伏安的主变压器 1 组，500 千伏出线 4 回，220 千伏出线 6 回。该工程于 2018 年 9 月开工建设，2020 年 5 月投运送电，是 2020 年后省内首个复工的 500 千伏重点项目。工程投产优化了湖北电网网架结构，对助力花湖国际货运枢纽、推动鄂东区域社会经济发展具有重要意义。鄂州 500 千伏变电站工程荣获“2022 年度中国电力优质工程”奖。

2. 孝感孝昌闵集 220 千伏变电站工程

孝感孝昌闵集 220 千伏变电站工程位于湖北省孝感市孝昌县，是打开大悟风电外送的重要枢纽变电站。尽管大悟周边已经建成 1 座 500 千伏变电站和 3 座 220 千伏变电站，但它们之间都是孤立运行。孝感孝昌闵集 220 千伏

图 7–52　鄂州 500 千伏变电站工程全景展示

图 7–53　鄂州 500 千伏变电站 GIS 设备安装

证书

证书名称：2022 年度中国电力优质工程

工程名称：鄂州 500 千伏变电站新建工程

建设单位：国网湖北省电力有限公司中超建设管理公司

证书编号：2022-DY18-01

中国电力建设企业协会

二〇二二年六月

图 7–54　优质工程获奖证书

变电站建成后，配合孝感孝昌闵集 220 千伏输电线路工程形成环网输电的模式，打通大悟风电外送瓶颈。孝感孝昌闵集 220 千伏变电站工程荣获“2022 年度中国电力优质工程（中小型）”奖。

图 7–55　孝感孝昌闵集 220 千伏变电站工程全景展示

图 7-56　孝感孝昌闵集 220 千伏变电站内景

证　书

证书名称：2022 年度中国电力优质工程（中小型）

工程名称：孝感孝昌闵集 220 千伏变电站工程

建设单位：国网湖北省电力有限公司孝感供电公司

证书编号：2022-DYZX14-01

中国电力建设企业协会

二〇二二年六月

图 7-57　优质工程获奖证书

3. 襄阳保康段江 35 千伏变电站工程

襄阳保康段江 35 千伏变电站工程是湖北省首座 35 千伏装配式钢结构变电站，位于湖北省襄阳市保康县马良镇段江村，是襄阳地区最偏远的变电站。该工程的建成投运对加强辖区电网供电可靠性，完善电网主干网架结构，解决乡村振兴、民生实际需求和促进能源结构转型具有重大意义。襄阳保康段江 35 千伏变电站工程荣获“2022 年度中国电力中小型优质工程”奖。

图 7–58　襄阳保康段江 35 千伏变电站工程全景展示

证书

证书名称：2022 年度中国电力中小型优质工程

工程名称：襄阳保康段江 35 千伏变电站新建工程

建设单位：国网湖北省电力有限公司襄阳供电公司

证书编号：2022-DYZX23-01

中国电力建设企业协会

二〇二二年六月

图 7–59　优质工程获奖证书

二、国网公司输变电优质工程金奖

编钟—仙女山 500 千伏线路工程是湖北省 2021 年重点工程，也是 2021 年湖北电网迎峰度冬保供电的关键项目。该工程起于随州编钟 500 千伏变电站，止于孝感仙女山 500 千伏变电站，新建线路全长 116423 千米，新建杆塔 280 基。该工程于 2021 年 3 月开工建设，当年 11 月送电投产，工程建成后有效满足了随州地区电力负荷发展、新能源消纳和随州电厂送出需求，显著提高了省内“西电东送”的北通道输电能力，增强了鄂西北网架结构与电网安全。

该工程创新应用预制微型桩基础、智能走板及可视化放线技术，大幅提升施工工效和质量工艺，降低施工风险，应用高强钢、节能金具、人工覆植实现高水平绿色建造。

2022 年 9 月，编钟—仙女山 500 千伏线路工程顺利完成国网公司 2022

图 7–60　编钟—仙女山 500 千伏线路工程全景展示

年输变电优质工程金银奖检查，专家组对该工程的建设管理、实体质量、绿色建造、科技创新、综合效益等方面给予了充分肯定。该工程荣获省部级科学进步奖 1 项、省部级优秀设计奖 1 项、省部级质量控制成果 1 项、国家发明专利 2 项、国家实用新型专利 6 项，获评国网公司“五好示范工地”。湖北公司将充分总结本次获评国网公司输变电优质工程金奖的创优经验，提炼建设亮点，推广典型做法，推动工程建设管理水平再提升，保障电网高质量建设，为完善省内 500 千伏“西电东送”通道，加快建设华中“日”字形特高压交流环网，坚决打赢特高压电网建设“淮海战役”贡献力量。

第十四节　各地市公司的做法

一、武汉公司挺膺担当、务实进取，建立健全体制机制，安全有序优质推进电网建设

（一）建立健全体制机制，强化组织体系保障

在电网政企共建模式持续发力的基础上，武汉公司进一步加强组织领导，建立“大会战”工作体系，举全公司之力推进电网建设。

一是成立“一流电网建设大会战”指挥部及办公室，公司两位主要领导牵头挂帅，全面统筹“大会战”工作开展，分管领导亲自指挥，整体推进工程建设；下设“三组四部”（综合前期组、建设管理组、安全督察组，建设管理组下设项目管理部、物资保障部、质量验收部、技经管理部），形成从前期规划至工程结算的全过程“作战”体系。

二是强化人力资源支撑，选调骨干人员 13 人，充实项目管理中心建管力量，组建 4 个班组式业主项目部，部分片区开展项目管理，强化建管能力；成立专职稽查、验收队伍，抽调副科级干部 2 人，配备安监、运检等专业精锐人员 19 人，集中开展工作，突出专业优势，聚集攻坚合力。

三是建立“三会一报”（周例会、“双周”建设推进会、月度建设协调会和每季度一专报）机制，统筹运检、安全、物资、调度人员深度参与电网建设，强化专业协同，及时解决建设过程中的重难点问题，有力推动工程落地。

（二）聚焦“六精四化”，安全有序优质推进电网建设

1. 多措并举保安全

武汉公司大力推进“1+9+N”安全文化体系建设，强化基建安全底线思维；压紧压实各级管理人员安全责任，严格落实“1223”安全履责要求；深入推进“两个标准化”建设，持续开展作业层班组能力评估、关键人员差异化准入，确保班组及人员“优剩劣汰”，全力打造“程序标准化、文本标准化、人员管理标准化、安全措施标准化”作业现场；抓关键指标提升，着力提升日计划执行率、周计划执行率、布控球关联率、关键人员到岗到位率，提高安全管理质效；加强高风险作业管控，按照“先降后控”原则，动态优化设计及施工方案，全力压降施工及电网风险；强化数字化手段支撑，变被动接受为主动应用，确保在建项目全部纳入 e 基建 2.0、人员轨迹 App 平台管控，切实落实“四个管住”（管住计划、管住队伍、管住人员、管住现场）。

2. 科学统筹提进度

武汉公司深化“抢前期，保工期”理念，组织召开工程专题推进会 6 次，详细梳理 2022 年上半年开工项目手续办理及招标进度情况，提前谋划下半年前期工作计划安排；坚持“依法开工”的同时，充分发挥区供电公司属地优势，成立协调专班，积极协调政府推行“承诺办、容缺办”，做到手续办理“串联改并联”，不断深化“两个前期”融合；突出计划引领，详细制定 2023 年项目实施安排并严格刚性执行，确保项目整体推进有序；统筹考虑停电、运行验收等因素，科学排定物资到货、停电及投产计划，制定 73 项项目计划清册，重点细化迎峰度夏工程计划安排，定人定时“销号”管理，确保完成全年建设任务。

3. 示范引路抓质量

武汉公司以珞狮南 220 千伏变电站、红星 110 千伏变电站争创国网公司优质工程金银奖为样板，以建设舵落口 220 千伏新一代智慧变电站为示范，强化精品工程意识，以点带面，提升工程质量整体水平；强化工程前期策划，明确工程建设目标，突出工程特点，不断优化施工组织设计及阶段创优方案；强化设计质量管理，拓展可行性研究和初步设计深度，优化设计方案，开展设计质量问题约谈和考核评价，促进设计质量稳步提升；强化关键环节管控，加强导线压接、主变压器及 GIS 安装等关键环节质量控制，扎实推进实测实量、转序验收和达标投产检查，把好质量验收关。

4. 从严从实强作风

武汉公司大力弘扬“高严细实快”工作作风，推崇“说了就办、定了就干、干就干好”的执行文化，弘扬“越是困难重重，越要斗志昂扬”的奋斗精神；推进“党建 + 基建”全方位融合，充分发挥党员先锋模范带头作用，引导参建人员立足岗位建功立业；建立重点项目包保制度，针对 13 项迎峰度夏重点工程，建立科级干部包保制度，全面掌握施工进度、风险识别、安全管控、质量验收等关键环节，保障工程建设顺利推进。

5. 守土尽责强担当

武汉公司落实属地化管理职责，大力推进“特高压靠城、超高压进城”工作，责无旁贷做好驻马店—武汉 1000 千伏特高压交流工程、武汉—南昌 1000 千伏特高压交流工程和武汉江北城区 500 千伏变电站、江南城区 500 千伏变电站、东新 500 千伏变电站工程属地协调工作；加大长期挂账项目结算、决算工作推进力度，针对遗留问题细化任务分解，责任落实到人，强化过程督办，确保长期挂账项目结算、决算工作按目标完成。

下一步，武汉公司将深入贯彻湖北公司各级会议精神，勠力同心，砥砺奋进，确保完成 2023 年建设任务，为公司加快“四个转型”、巩固“华中区域领先、国网第一方阵”地位作出新贡献。

二、黄石公司建立现场造价标准化管理体系，强化输变电工程“三量”核查

（一）建立现场造价标准化管理体系，抓造价标准化建设

1. 打造专业管理团队，落实组织保障

黄石公司改变原管理模式，解决技经岗位严重缺员的实际情况，集结业主、设计、监理、施工四大参建主体的技经专业人员，成立柔性团队，确保每个项目有人管、每项任务有人盯。同时引入造价咨询公司专业力量，为技经专业人员开展现场造价标准化工作提供全过程的技术支撑，合力打造高效协作的专业团队。

2. 推行“一月一报一审”制度，全面掌控现场造价动态

黄石公司对每个项目制定每月关键环节时间节点和目标任务，现场管理小组每周滚动跟进项目任务实施进展、存在问题、解决措施和整改情况，每月25日向建设部上报现场造价管理问题整改推进情况表。建设部每个月底对问题清单整改情况进行审查，并予以通报、约谈与考核，切实掌控现场造价动态。

3. 建立“一本账”管理模式，督导合同履约

黄石公司做实与项目设计、施工、监理单位合同交底工作，明晰合同双方的责任和权利，并建立“一本账”管理模式，每月梳理现场造价标准化管理推进情况表，将问题清单中触发了合同考核条款的事项和处置意见纳入“一本账”，对履约不到位的参建单位，在工程结算阶段根据“一本账”内容落实评价考核，做到对工程合同履约的全方位掌控。

（二）强化输变电工程“三量”核查要求，抓结算质效提升

1. 全面落实“三量”核查标准化流程

工程开工后，业主项目部在首次工地例会上向参建单位传达“三量”核

查工作要求，使参建各方对合同工程量变化做到心中有数。施工过程中，监督施工单位做好实体工程参数实测记录，定期上报施工工程量，设计单位对照施工工程量进行查验，同步完善施（竣）工图。在工程分部结算和竣工结算节点之前，建设部组织设计和施工单位完成“三量”核查工作，严格执行“三量”核查标准化流程。

2. 有效运用“三量”核查工作过程成果

在结算审核阶段，业主项目部在“三量”核查工作基础上，从以往的“全面核查”转变为“重点核查”，重点关注变化工程量并核查对应的变更签证资料，提高结算工作质效，有效防止出现“高估冒算、跑冒滴漏”情况，减少工程结算误差。

3. 落实湖北公司输变电工程“日清月结”造价管理工作方案

黄石公司在黄石开发区吕家 110 千伏输变电工程全面开展试点应用工作，已完成施工图交底及工程量测算分析，现阶段造价标准化管理小组每日审核工程量，每周督办造价资料归集，每月核定分项工程结算量并及时入账，做好试点工程的执行和应用。

黄石公司通过认真贯彻执行现场造价标准化管理和“三量”核查等工作要求，技经管理工作质效较以往有较大提升，工程成本及时归集，结算更加精准高效，较好地适应了投资统计核算法由形象进度法转为财务支出法的工作要求。2023 年上半年，公司按照里程碑计划节点共完成结算项目 3 个，结算金额 0.8875 亿元，结算较概算结余率为 0.72%；结算时长平均缩短 5 天，成本入账率均达到 90% 以上。

下一步，黄石公司将继续贯彻落实“六精四化”管理工作要求，主要做好以下工作：

一是持续推进工程造价标准化管理工作。黄石公司进一步优化完善现场造价标准化管理制度，建立现场造价标准化工作长效机制，加强造价动态控制，创新监管措施，增强造价标准化管理效力，切实提升各层级造价管理水平。

二是持续落实“强基固本”工作要求。黄石公司扎实开展造价管理培训工作，目前已完成两期培训班，共培训30余人次。2023年8月份举办一期现场造价标准化管理培训班，进一步增强造价人员业务技能，为湖北公司参加国网公司专业调考提供人才储备。

三是深化“日清月结”工作实施方案。黄石公司在持续做好黄石开发区吕家110千伏输变电工程“日清月结”试点工程的同时，2023年下半年新开工工程全面应用“日清月结”工作实施方案，及时开展分析总结，为“日清月结”工作在全省范围内实施提供翔实数据，切实提高工程结算准确性和规范性。

三、宜昌公司坚守安全底线、强化质量管控，全面提升电网高质量建设水平

2023年，宜昌公司认真贯彻落实湖北公司基建安全质量管理要求，全年以“抓责任、精管理、固基础”安全主题活动为主线，深入推进“两个标准化”建设，严格落实“四个管住”要求，持续强化质量管控，全面提升电网高质量建设水平。

1. 强化安全责任落实

宜昌公司落细落实基建岗位安全责任清单，重点在计划管控、风险管控、队伍培养、督导考核等方面健全各级责任到位管理机制；制定《业主监理施工项目部安全质量进度管理提升工作方案》，进一步强化项目部关键人员安全质量履责行为，充分发挥三个项目部作用；扎实开展作业层班组标准化建设，选优配强作业层班组骨干，补充自有作业层班组骨干12名，“理论考试+技能考核”优选145名作业层班组骨干；常态化开展作业层班组安全能力评估，将评估结果纳入核心分包队伍考核评价体系。

2. 抓实安全精益管理

宜昌公司组织开展20项输变电工程初步设计阶段高风险作业评估审查，压降二级作业风险21项；施工图阶段组织参建单位开展现场踏勘、会审，

建立施工三级及以上风险清册，摸清风险“底数”；建立周作业计划评审制度，全年评审三级及以上风险453项，否决不合格计划36项；严格人员准入管控，开展人员基础数据排查整治，清理不合格人员24人；严肃“1223”现场履责，下发整改通知单24份，约谈相关单位6次；扎实开展作业票严肃性治理，编制典型问题负面清单41项、典型违章案例22个。

3. 强化安全基础管理

宜昌公司组织拍摄GIS设备无尘化安装、二次设备调试等标准化作业现场示范片，编制典型现场作业文本共45份、典型作业场景安全措施布置方案10份，切实提升作业现场标准化管理水平；建立基建系统应用四级（市公司—参建单位—项目部—作业层班组）管控体系，积极培养项目部“明白人”，风险履职率、人员轨迹App应用率等指标长期保持100%；实效化开展专业培训24次，覆盖参建单位、三个项目部及作业层班组人员，共2138人次参培；开展核心分包队伍负责人定期约谈与现场共同督查，提升分包队伍自身安全管理意识和管控能力。

4. 强化质量全过程管控

宜昌公司加强质量源头管控，开展设计四库（设计质量通病库、评审问题库、优秀成果库、典型经验库）建设及应用；加强质量过程管控，刚性执行“五必检六必验”施工质量强制措施，严格执行“一票否决”强制措施；突出“过程创优、一次成优”理念，秭归东风坝110千伏变电站、夷陵岩花110千伏变电站工程按照争创国网公司输变电优质工程金银奖目标，高标准开展前期创优策划，严要求落实质量过程管控。

5. 强化工法创新应用

宜昌公司全面推广“轻型索道”“悬浮抱杆智能监测装备”“旋挖钻机”“集控智能可视化牵张机”等新技术装备运用，不断压降施工风险，近两年共投入2299万元添置各类机械化施工装备186套；全面推行变电站装配化施工、无尘化作业，全面应用GIS预制支墩基础、装配式预制混凝土配电装置楼；积极推动枝江工业园1号110千伏变电站工程模块化2.0建设试点。

四、襄阳公司健全专业管理体系，规范工程建设秩序

2022年是湖北公司“六精四化”三年行动起步之年，在主要负责人亲自指挥和关心下，襄阳公司成立了专业领导小组，并根据湖北公司实施方案的总体部署，严格遵循“科学合理、有序高效、管控有力”的原则，分解细化实施方案，明确任务时间节点。以“六精”为主线狠抓专业管理体系建设，以“四化”为目标推进标准化建设和新技术应用，全方位、多角度为“六精四化”三年行动开好头，起好步。

（一）强组织、抓责任，推进基建专业的“六精”管理

1. 坚持强基固本，提升安全管理质效

襄阳公司落实“1+9+N”安全文化体系，推进全过程风险管控机制建设，强化过程管控和评价考核，严格执行“1223”履责要求，实现安全管理由粗放型向精益化转变，风险防控由被动抓向主动预防转变，管理方式由传统型向数字化转变。2022年襄阳公司所辖建设领域未发生安全事故事件，安全局面持续保持稳定可控。

2. 坚持示范引领，提升质量工艺水平

襄阳公司坚持全过程质量管理一条主线，做好队伍、技术、物资三个支撑，实现优质工程树标杆、绿色建造铸精品两个目标。公司强化标准化转序，落实施工质量实测实量工作，打造精品工程。2022年襄阳保康段江35千伏变电站工程获得“2022年度中国电力中小型优质工程”奖，实现了湖北公司110千伏以下电压等级行优“零”的突破。

3. 坚持守正笃行，提升计划管理能力

襄阳公司抓实“全专业”协调机制，对重难点项目建立攻坚清单，逐级

分解建设责任。公司每月坚持开展建设情况通报，抓细进度计划考评，统筹资源调配，推进关键问题解决方案。郑万高速铁路南漳牵引站工程克服重重困难按期投产；国网公司和湖北公司迎峰度冬重点项目襄北风电、新市光伏上网工程历经高温酷暑、狂风暴雨等干扰因素，合理安排、有序推进、顺利完成，满足了新能源并网发电需求。

4. 坚持学用结合，提升队伍综合素质

襄阳公司推进专业领域专家团队建设，提升业务能力。公司利用星级班组、星级工作负责人评选活动，强化作业层班组建设；依托“上挂下派”政策，推进岗位流动，培育复合型人才队伍。2022 年襄阳公司基建部门发表论文 7 篇，授权专利 4 项，2 人获得国网公司管理专家称号，在中新网等多家媒体发稿 32 篇，不断提升“襄电铁军”的感召力和影响力。

（二）理思路、谋创新，落实基建工程的“四化”建设

1. 聚焦节能环保，打造绿色建造示范工程

襄阳公司围绕绿色节能积极开展技术创新，研发试用集控 GIS 工棚等创新技术，利用三维设计建立建筑物模型，开展碰撞校核，主体工程较常规节能达到 22%；广泛应用太阳能技术，推广预制件及装配化工艺，在建项目平均节约临时用地约 360 平方米，降低固态废弃排放 2.2 吨，减少能耗 16800 千瓦时；襄阳襄城观音阁 220 千伏变电站工程获评区域级智慧标杆工地和襄阳市最美建设工地称号。

2. 拓展智慧赋能，提升基建专业管理水平

襄阳公司开展智慧工地系统平台布置，利用 AI 智能算法实现环境保护监测实时预警和视频监控自动抓拍功能，减轻基层管理人员工作负担；搭建数字化管控系统，按需定制管理模块，对施工情况即时采集、记录和共享，现场作业实现减员增效。2022 襄阳公司深度参与完成的“电网建设智慧工地系统”获得国资委首届国企数字场景专业赛三等奖。

3. 集聚多方合力，推进输变电工程机械化施工

襄阳公司召开机械化施工推进会，组织各参建单位按照“宜用尽用、能用必用”原则，优化设计施工方案，改变传统建设模式；推动数字赋能，采用数字航拍技术进行线路方案优化选择，依托三维设计平台开展线路设计，严格做到一基一策划，为机械化施工创造条件。2022 年襄阳公司线路工程机械化率达到 87%。

2023 年是全面贯彻落实党的二十大精神的开局之年，也是湖北公司“六精四化”三年行动深化之年。襄阳公司将在湖北公司的坚强领导下，深入落实党的二十大精神，发扬“襄电铁军”精神，坚定信心，实干笃行，奋勇争先，加快推进“四个转型”，奋力巩固“五个保持”，为实现“六精四化”建设管理成果落地见效，为稳固湖北公司“华中区域领先、国网第一方阵”地位、推动湖北电网高质量发展贡献襄阳力量。

五、孝感公司围绕“六精四化”深化年要求，攻坚克难、狠抓落实

2023 年，孝感公司坚决贯彻湖北公司各项决策部署，认真落实建设物资工作会议精神，围绕“六精四化”深化年要求，攻坚克难、狠抓落实，奋力实现全年目标任务。

1. 全力推进重点工程建设

根据里程碑年中计划调整后的安排，孝感公司电网建设总计 27 项，其中新开工 12 项，续建 15 项，通过实施过程验收、实时消缺的全过程服务，集中建设队伍资源，强化节点管控和计划执行，督导超期工程进度治理。截至 2023 年 11 月，完成开工 10 项，投产 13 项，投产主变压器容量 63 万千伏安，线路 106.26 千米，年内还将开工 2 项，投产 6 项。

2. 持续保障安全稳定局面

孝感公司圆满完成长湖—临空 220 千伏线路工程，临空—沦河 1 回、2 回 110 千伏线路工程跨越京港澳高速公路、武孝城际铁路，安陆雷公 110 千

伏线路工程跨越福银高速公路等 4 项二级风险作业施工，提前组织“三方”项目开展现场勘查、方案评审，压实主体责任。

3. 质量示范建设成绩显著

孝感毛陈 220 千伏变电站工程作为湖北公司首座国网公司绿色建造试点工程，实施全过程、全要素的绿色建造模式，在工程建设中全面落实绿色设计、绿色建造、绿色施工等要求，已获评中电建协绿色建造“二星”工程称号，并通过国网公司输变电优质工程初评。

4. 强化达标投产源头管控

孝感公司贯彻执行国网公司输变电工程达标投产考核及优质工程评选制度标准，积极开展达标投产考核自检工作。公司共组织完成 5 项输变电工程达标投产复检，工程实体质量较往年有所提升，确保工程“零缺陷”投运，实现 100% 达标投产。

5. 加快基建数字化转型

孝感公司开展孝感临空 110 千伏线路工程、红光—天鹅 110 千伏线路工程机械化施工标准化作业现场创建工作，持续深化机械化施工和数字化管控，推动传统电网建设方式向现代智慧工地变革升级。

6. 深化“两个标准化”管理

孝感公司抓好作业层班组人员准入制度，加强班组承载能力分析，严格落实作业现场标准化要求，加快健全“科学有效、运转有序、管控有力”的标准化作业管理体系，持续深化作业票和反违章治理。

六、荆门公司落实电网建设突出问题专项治理工作，提升基建安全管理水平

1. 传导压力，确保职责“务实”落地

荆门公司迅速开展国网公司安全攻坚“三十条”、湖北公司基建安全管

理突出问题治理专项行动等文件精神的学习宣贯，结合本地实际，逐条比对现场管控难点、痛点，编制并下发荆门公司"安全管理突出问题治理专项方案"，精准定位8项突出问题，落实责任部署，全面启动现场隐患排查；压紧压实各方责任，深化开展"业主、监理一体化项目部"建设，实现监理驻地、通勤与施工脱钩，保障依规监管大前提；开展"党建+重点工程"攻坚专项行动，组建吴家湾工程六大攻坚小组，打通现场各专业沟通渠道，变被动为主动，成为工程进度"加速器"和安全管理"定海针"；积极开展各级管理人员现场督导履职，规范应用标准化安全检查卡，做好重点工程分片包点，并在公司层面开展"查、纠、讲"活动，"真刀真枪"，杜绝履职走过场；在重点工程实行管理人员下沉作业现场驻点办公，节假日及重点活动现场轮值，保障全过程安全管控。

2. 统筹合力，推进体系"求实"建设

荆门公司依托电网建设联席周会，由业主、监理、产业单位管理通报现场安全隐患、违章问题，建设部通报突出问题专项治理情况，现场查摆问题，研究整改措施，责任人逐项认领，对于重复违章及情节严重的提级处理，要求施工单位主要负责人"说清楚"；邀请安全专家参加基建安全生产管理思路调研座谈，梳理形成"实体化运作产业施工单位安全监管中心"等15项提升措施，找准"业主安全监管承载力、覆盖率不足"等5项问题，切实提升基建安全管理水平。

3. 靶向发力，坚持隐患"扎实"整治

荆门公司从实际管理出发，优化钢构屋面作业安全"生命线"，解决高处作业无有效挂点问题；推进基坑、组塔架线机械化施工全覆盖，规范随车吊臂、吊车等作业方案编审，强制执行近电告警装置安装及检测，清退不合格吊车2台；全过程管控高空、近电、动火及大型吊装等高危作业风险，开展"五备三报一救护"（五备：准备车辆、医院报备、备齐物资、演练预备、政府备知。三报：通报全员、报知司机、报告上级。一救护：紧急救护）应急演练，落实现场防暑应急药品等物资储备；规范作业计划编审及工作流程发布，严格履行建管单位审批、发布管理职责，保障计划执行率达到100%；拒绝“以包代管”，发布分包单位考核办法、季度开展安全管控水平等多维度评价，引入负责人约谈及黑名单机制，清理清退违章队伍3个、人员158人，2家单位纳入1年禁入黑名单；落实施工及分包管理人员“同吃同住同劳动”，约束关键人员，杜绝无票、无计划作业。

4. 激发活力，构建一线“坚实”基础

荆门公司聚焦安全管理一线，推进班组建设持续走深走实，全面推进无违章现场与星级班组创建，27名优秀骨干纳入公司四星级作业负责人（含2名五星级作业负责人）；坚持“自己干”发展路线，抓牢基建施工全链条安全核心技术，拓展建设高压试验、跨越架搭设等专业化队伍；结合公司“三大”（大学习、大练兵、大转型）活动，开展电焊技能、二次作业等一系列比武活动，潜移默化推进现场作业规范化、标准化；开展“送安全培训到项目部”专项活动，利用收工后时间，学习事故通报、典型违章案例、标准化作业规范等，促进队伍素质提升；开展一线班组量化考核，严格挂钩人员晋升及绩效薪资，对恶性违章直接责任人实施“一票否决”；持续开展违章周通报、月度评选作业班组“红黑榜”等活动，完成周通报6次，通报安全用电、方案编审等突出问题8项，现场查摆恶性违章3起、严重违章15起、一般违章134起，对1个班组进行约谈并处罚绩效工资。

荆门公司始终积极面对挑战，内化于心、外化于行，以“时时放心不下，事事有人落实”的责任感与紧迫感，将安全作为一切工作的基础前提，促进突出问题专项治理走深走实，守牢全年安全成果；持续绷紧安全弦，做到关键人员“守土有责、守土负责、守土尽责”；严守安全根基，把控源头环节，做好安措落实；落实业主、监理联防联控机制，杜绝“以包代管”，堵死无票无计划途径；强化管控震慑，对重复违章、严重违章等问题严肃惩处、集中通报，避免同类问题屡查屡犯。

七、鄂州公司聚焦“六精四化”，建设管理能力持续提升

1. 夯实本质安全基础

鄂州公司顺利承办湖北公司无违章创建现场会，开展电网建设安全管理突出问题整治专项行动，发现并整改问题 16 项；以机械化施工为抓手，累计压降线路三级风险作业 101 余项，施工安全风险压降率达到 98% 以上。

2. 深化机械化施工应用

鄂州公司成功承办湖北公司机械化施工现场会，深入总结机械化施工成效，助力全省基建工程施工模块化、机械化。鄂州官塘 220 千伏输变电工程全面落实机械化施工的实施要求，机械化率达到 100%，该工程获评湖北公司机械化示范工程。

3. 打造精品示范工程

鄂州公司以争创国网公司输变电优质工程金银奖为目标，高标准开展鄂州官塘 220 千伏输变电工程建设周期内绿色建造工作。公司在全省率先完成鄂州官塘 220 千伏输变电工程智慧工地建设方案，鄂州官塘 220 千伏输变电工程获评国网公司现代智慧标杆工地、湖北公司现代智慧标杆工地。鄂州官塘 220 千伏输变电工程智慧工地建设成果入围中电建协 2023 年智慧工程典型案例。

八、咸宁公司安全护航、创新引领打造建设亮点，确保工作走在前列

1. 严守底线，安全局面保持稳定

2023 年以来，咸宁公司深入推进机械化施工，制定公司层面机械化施工实施方案，督导咸宁市丰源电力勘测设计有限公司成立机械化作业班，于 2023 年 6 月组织召开咸宁公司输变配项目机械化施工现场会，为机械化施

工全面推进奠定坚实基础，机械化施工推进成效上报湖北公司工作动态；8项二级施工风险顺利完成；开展周计划执行率问题治理，将周计划执行率提升至 100%，组织举行 2023 年基建专业作业层班组“五备三报一救护”应急演练，公司电网基建安全局面保持稳定。

2. 精益求精，质量水平显著提升

2023 年，咸宁公司重点加强关键环节管理，将“五必检六必验”质量管控强制性条文纳入现场验收内容，充分结合技术监督要求，工程验收程序更加规范，投产项目基本实现“零缺陷”。咸宁咸安沿河 110 千伏变电站工程获评湖北公司输变电标杆工程，崇阳香山 110 千伏变电站工程获评湖北公司现代智慧标杆工地。

3. 锐意进取，创新发展成绩亮眼

咸宁公司移动式伞形跨越架、超高性能混凝土预制件装备、咸宁咸安沿河 110 千伏变电站工程机械化施工成果汇编图册，在国网公司机械化施工现场会展示，移动式伞形跨越架工法通过国网公司验收。公司成功承办湖北公司电力工法创新项目展示会，接待重庆公司、湖北公司、华中电力设计研究院（以下简称“华中电力设计院”）、湖北省电力设计院等单位参观移动式跨越架及装配式建筑物。崇阳香山 110 千伏变电站工程作为湖北公司四个代表工程之一参加国网公司机械化示范工程评选，被推荐参与中电建协智慧工程评选。

4. 夯实基础，队伍建设持续加强

咸宁公司充分发挥党建引领作用，在现场开展多次“党建 + 基建”特色活动，以党建助力重点工程建设。崇阳铜钟 220 千伏输变电工程建设指挥部成员圆满完成工程建设任务，指挥部青年员工培育成效良好；落实“班组建设深化年”要求，扎实开展核心分包队伍及人员评价考核；推动机械化管理体系构建，公司机械化施工管控中心初步完成组建。

九、十堰公司稳中求进、奋发有为，全力推动公司工程建设

1. 夯基础、担责任，突出实际实效

十堰公司围绕“六精四化”深化年要求，根植“绿色设计”理念，推广应用新技术，购置新型轻便化、智能化机械设备，机械化率提升达到10%，其中，武当山琼台35千伏变电站绿色和谐工程在国网公司机械化施工现场会上作为示范工程展示。公司助力电网“单线单变”、水电外送卡口等问题破题，执行“基建项目全过程管控清单”，一批重大项目建设投产。2023年公司投产线路长度173.07千米，变电容量8.89万千伏安。

2. 抓执行、强管控，确保安全稳定

十堰公司深入开展“抓责任、精管理、固基础”“百日攻坚”等主题活动，加强基建安全“两个标准化”管理，建立年策划、季分析、月排查、周计划、日管控工作机制，构建业主引领、参建各方齐抓共管的全员安全责任体系。公司全面应用“基建全过程综合数字化管理平台”、e基建2.0和人员轨迹App，其中全过程平台登录率、及时率和完整率全部达到100%。公司落实“四个管住”，创新制定作业计划四级逐级报审批流程，通过“远程+现场”“四不两直”等制度，累计管控作业计划6764条，其中三级及以上风险2785条，管控人员62290人次。公司大力充实建管和施工人员力量，对驻队监理配发“移动式执法仪”，搭建远程监理履职监控平台，基建本质安全水平稳步提升。

3. 精过程、提质效，实现达标达产

十堰公司以“质量提升专项行动”为重点，精心策划、精细施工、精准管控，达标投产及时率达到100%，针对35千伏及以上项目累计开展质监30次，发现问题110项，全部闭环整改。其中，十堰竹山麻家渡110千伏变电站工程获评湖北公司2023年输变电标杆工程。公司加强全过程造价管控，累计向农民工专用账户付款4172.0894万元。公司以十堰汉水500千伏变电站配套220千伏线路送出工程为依托，精心开展“日清月结”试点工作。

十、随州公司主动作为、勇于担当，助力电网高质量建设

1. 安全基础不断夯实

随州公司深刻吸取“3·31”跳闸事件教训，举全公司之力补充基建专业管理人员，推行项目负责制，夯实安全管理基础；持续推进“两个标准化”建设，对班组问题人员进行再培训、再教育、再考试，确保作业层班组合格率达到100%；持续开展“抓责任、精管理、固基础”基建安全主题活动，周密部署并严格落实十项突出问题治理；深化“一图三表”、人员轨迹App、e基建2.0、安全管控平台应用，制定有效的安全管控措施，不断夯实安全管理基础。

2. 造价管理成效显著

随州公司开展施工预结算，以输变电工程设计、施工、结算“三量”核查为管理手段，强化工程量全过程管理，提高设计变更与现场签证及时性，缩短结算编审时间约15%；积极开展“三清理两提高”（三清理：清理在建工程、清理工程物资、清理工程往来款。两提高：提高暂估转资效率、提高竣工决算效率）专项工作，细分工作任务，跟踪工作进度，工作进度在全省名列前茅；首次在随州曾都茶庵220千伏输变电工程开展“日清月结”工作，为后续工程精益管控提供坚实基础。

3. 计划管理精益统筹

随州公司以“六精四化”为主线，健全“里程碑计划—项目实施安排”两级计划管理体系，梳理基建项目管理全过程责任清单，细化各部门、各单位职责，依托周例会、月例会推进项目建设进度计划，深化专业部门协同，克服各项困难，精准管控保进度，圆满完成各项任务。

4. 党建与业务深度融合

随州公司把党建工作与基建管理、物资管理工作相结合，实现党建和专

业管理两手抓、双促进。随州公司党委中心组在随州曾都茶庵220千伏变电站工程开展专题活动，与党建部共同推进“党建+基建”项目，并签订协议书，明确管理目标；加强舆论宣传，营造良好氛围，随州电厂220千伏送出线路工程投产送电情况在湖北电视台、《湖北日报》客户端等媒体发布，促进“党建+基建”双向提升。

十一、恩施公司加强基建队伍，建设提升核心业务能力

1. 压降安全违章事件

恩施公司以“基建安全周例会”“今晚八点钟日例会”为载体，剖析电网建设工程在安全、质量、进度等方面的管理漏洞和问题，形成整改措施清单，明确整改时限。2023年，公司现场安全违章数量持续下降。

2. 提升基建队伍素质

恩施公司针对基建队伍履职能力和业务水平参差不齐等问题，通过以专业“明白人”培训为平台，开展“项目经理讲工程”活动，将业务培训延伸到参建队伍，组织参建各方线上学习，总人数达1500余人次。

3. 发挥党建引领作用

恩施公司在一线工地成立两个临时（联合）党支部，创建党员先锋岗，一个党员带领若干个支部成员，参与到属地重大项目和重点工程中，着力解决在工程中的属地协调、安全、技术等难题，确保工程顺利推进。

十二、中超监理公司聚焦技术专业，提升管理水平

1. 深化专业体系

中超监理公司深化以总工程师、主任工程师、技术专责为核心的技术队伍建设，外聘专家进行管理支撑，制定标准化工作清单，发挥“专业+项目”统筹管理作用，提升技术管理制度化、标准化、程序化水平。

2. 规范技术体系

中超监理公司规范重要专项施工方案审查范围及流程，提升方案针对性和可操作性，调整管理办法和激励手段，引导参建单位主动应用装配式变电站和机械化施工，提升施工效率，压降施工风险。

3. 注重新技术应用

中超监理公司成立电网建设指挥中心，集合各类基建系统信息，建立统一的数据管理平台，开展 AI 识别等新技术研究，强化自动分析、精准督导，全面应用集控智能可视化牵张放线等新装备。